中国地质调查成果 CGS2017-077

广州市地质环境综合图集
GUANGZHOUSHI DIZHI HUANJING ZONGHE TUJI

自然资源部中国地质调查局 编著

中国地质大学出版社
ZHONGGUO DIZHI DAXUE CHUBANSHE

内 容 简 介

《广州市地质环境综合图集》是在已有地质资料及最新地质调查研究成果的基础上编制而成，重点围绕广州市规划发展需求，刻画自然资源本底及主要环境地质问题。内容包括自然地理与人类活动、地质条件、地质资源、环境地质分为4类，涵盖基础地质、水文地质、工程地质、环境地质、矿产地质、农业地质及地球化学、遥感等专业。图集可为广州市发展规划、产业布局、国土资源优化开发、重大工程建设提供基础地质资料。

图书在版编目（CIP）数据

广州市地质环境综合图集/自然资源部中国地质调查局编著.—武汉：中国地质大学出版社，2019.5

ISBN 978-7-5625-4152-3

Ⅰ.①广⋯
Ⅱ.①自⋯
Ⅲ.①区域地质-地质环境-广州-图集
Ⅳ.①P562.651-64

中国版本图书馆CIP数据核字(2017)第275733号
审图号：粤S（2019）01-007号

广州市地质环境综合图集		自然资源部中国地质调查局 编著	
责任编辑：胡珞兰			责任校对：徐蕾蕾
出版发行：中国地质大学出版社（武汉市洪山区鲁磨路388号）		邮政编码：430074	
电　　话：（027）67883511	传　　真：（027）67883580	E-mail:cbb @ cug.edu.cn	
经　　销：全国新华书店		http://cugp.cug.edu.cn	
开本：880毫米×1230毫米 1/8		字数：293千字	印张：9.25
版次：2019年5月第1版		印次：2019年5月第1次印刷	
印刷：中煤地西安地图制印有限公司		印数：1—500册	
ISBN 978－7－5625－4152－3			定价：280.00元

如有印装质量问题请与印刷厂联系调换

《广州市地质环境综合图集》

编委会

编纂指导委员会

主　　任：刘同良
副 主 任：姚华舟　张旺驰
委　　员：黄长生　郑小战　张德高　刘　伟

编辑委员会

主　　编：赵信文　刘广宁　胡云琴
副 主 编：刘凤梅　屈尚侠　王芳婷　徐红霞
编　　委：曾　敏　顾　涛　余绍文　王节涛　喻　望　陈双喜　张雪芹
　　　　　贺　冰　黄凯湘　金艳平　杨忠亮　龚耿斌　陈　健

地图设计：高晓梅　植忠红
地图制版：张　魏　江　波　万　波　高宝利　郑欣媛

前　言

广州市位于粤港澳大湾区中北部大湾区城市群发展规划的核心区，对外开放时间早，程度高，经济社会发达，最具发展活力，是粤港澳大湾区城市群发展的重要支撑。随着多年经济高速发展，广州市已进入后工业化时代，以粤港澳国际大湾区发展规划及"海上丝绸之路"经济带发展为契机，着力打造宜居、宜业、宜游优质生活圈。但目前土地资源紧缺，岩溶地面塌陷、软土地面沉降、水土质量及海岸带环境地质问题突显，亟待对国土空间资源合理规划，有效规避或防治环境地质问题带来的影响。基于此，中国地质调查局武汉地质调查中心组织广州市地质调查院、中国地质调查局岩溶地质研究所、中国地质调查局地质力学研究所、中国地质调查局水文地质环境地质研究所、广东省煤炭地质局、广州市城市规划勘测设计研究院、广州地铁设计研究院股份有限公司、中煤地西安地图制印有限公司共同编制了《广州市地质环境综合图集》（以下简称《图集》），以更好地服务广州市规划发展。

《图集》以中国地质调查局"泛珠三角地区地质环境综合调查"工程及所属"粤港澳湾区1：5万环境地质调查"和"珠江-西江经济带梧州-肇庆先行试验区1：5万环境地质调查"二级项目为依托，利用已有地质调查数据、成果资料及公开发布的网络数据，以1：5万～1：50万不同比例尺编制图件，最终出版成图比例尺为1：50万，且每张图件编有简要说明。

《图集》按照自然地理与人类活动、地质条件、地质资源、环境地质分为4类，涵盖了基础地质、水文地质、工程地质、环境地质、农业地质、生态地质、地球化学，以及遥感、人口、经济、社会、基础设施、发展规划等，共30幅图件，充分体现了准确性、公益性、实用性。

由于《图集》涉及多专业、多学科，编者知识所限，若有不妥之处，敬请读者批评指正。

编委会

2017年9月

目 录

1 自然地理与人类活动 ········· 1
1.1 广州市遥感影像图 ········· 2
1.2 广州市行政区划与人口密度分布图 ········· 4
1.3 广州市经济社会发展规划图 ········· 6
1.4 广州市城市发展空间格局图 ········· 8
1.5 广州市重大基础设施分布图 ········· 10
1.6 广州市地下空间分布图 ········· 12
1.7 广州市国土经济开发强度图 ········· 14

2 地质条件 ········· 16
2.1 广州市地貌分区图 ········· 18
2.2 广州市地质构造及区域地壳稳定性图 ········· 20
2.3 广州市基岩地质图 ········· 22
2.4 广州市水文地质图 ········· 24
2.5 广州市工程地质分区图 ········· 26

3 地质资源 ········· 28
3.1 广州市应急水源地地下水资源潜力分布图 ········· 30
3.2 广州市土地利用现状图 ········· 32
3.3 广州市优质、富硒耕地资源分布图 ········· 34
3.4 广州市土壤有益元素分布图 ········· 36
3.5 广州市富硒土壤资源图 ········· 38
3.6 广州市矿产资源分布图 ········· 40
3.7 广州市地热资源分布图 ········· 42
3.8 广州市地学旅游资源分布图 ········· 44

4 地质环境 ········· 46
4.1 广州市地下水质量状况图 ········· 48
4.2 广州市地下咸水分布图 ········· 50
4.3 广州市土地环境质量综合评价分区图 ········· 52
4.4 广州市地质灾害现状分布图 ········· 54
4.5 广州市地质灾害易发程度分区图 ········· 56
4.6 广州市地质灾害风险区划图 ········· 58
4.7 广州市岩溶塌陷易发性分区图 ········· 60
4.8 广州市软土分布及软土等厚线图 ········· 62
4.9 广州市软土地面沉降危险性分区图 ········· 64
4.10 广州市矿山采空区分布图 ········· 66

地理底图图例

● 省级行政中心

◎ 地级行政中心

○ 县(市、区)级行政中心

∘ 乡镇（街道）级行政中心

▲飞云顶
　1281.2　山峰及高程

九连山　山脉

▬▬▬▬ 地级界

—·—·— 县界

·········· 乡镇界

- - - - - - 特别行政区界

～～ 常年河及湖泊

1

自然地理与人类活动

1.1 广州市遥感影像图

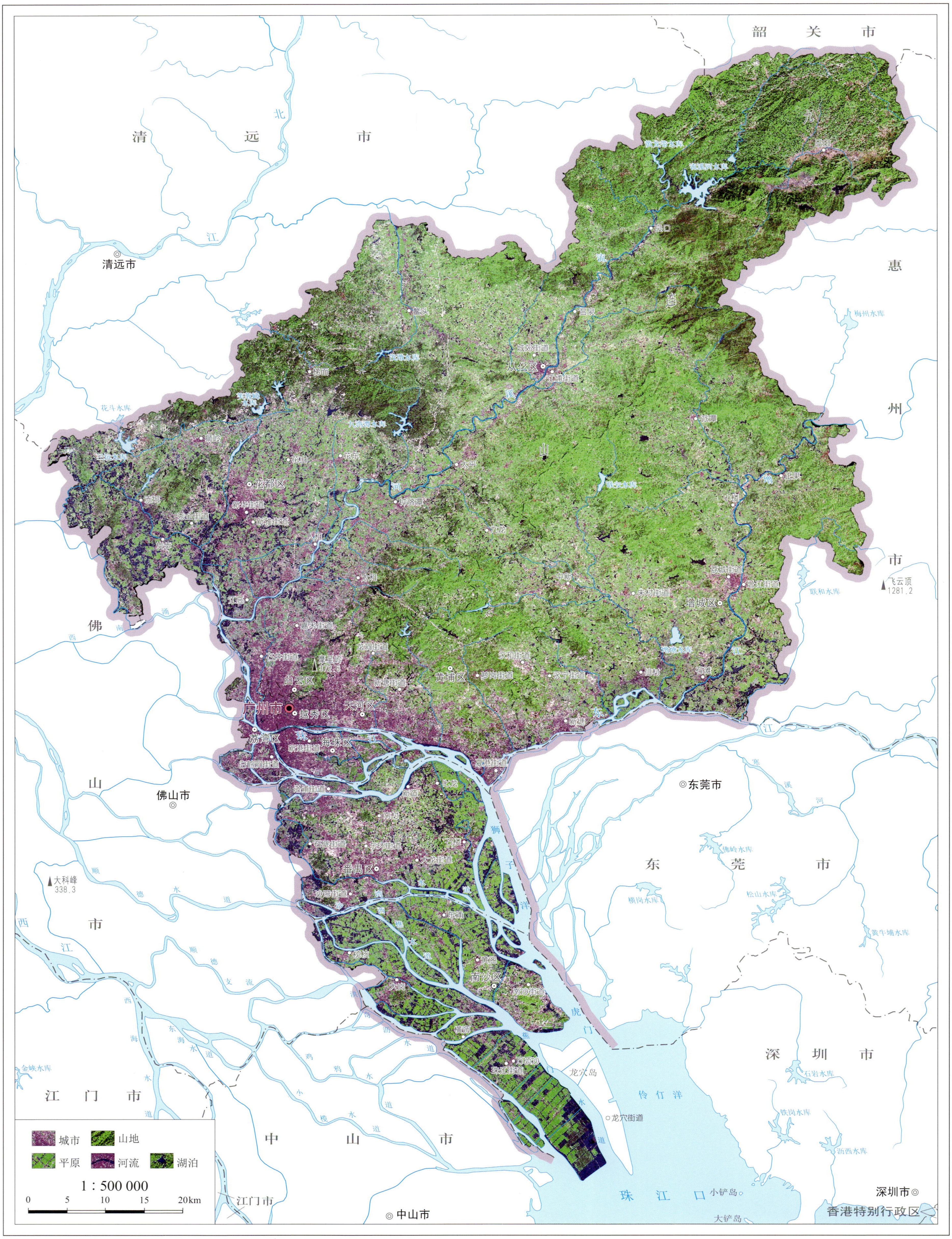

1 自然地理与人类活动

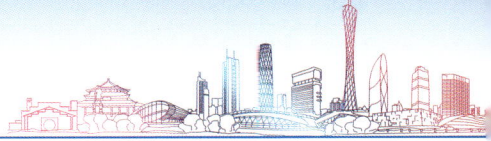

1.1.1 资料来源

广州市遥感影像图采自2015年2月11日由美国NASA发射的Landsat 8卫星。Landsat 8上携带有两个主要载荷：OLI和TIRS。其中，OLI（全称：Operational Land Imager，陆地成像仪）由卡罗拉多州的鲍尔航天技术公司研制，TIRS（全称：Thermal Infrared Sensor，热红外传感器），由NASA的戈达德太空飞行中心研制。本次采用的是Landsat 8 OLI数据。最终成图由中国地质调查局武汉地质调查中心汇编而成。

1.1.2 图件说明

此次共下载了涉及到广州市区域的9幅Landsat 8 OLI影像（下载数据见表1）。OLI包括9个波段，空间分辨率为30m，其中包括一个15m的全色波段，成像宽幅为185km×185km。

表 1 Landsat 8 OLI 遥感影像下载情况

序号	行政区	行号	列号	时相 (AAAABBB:AAAA 为年份,BBB 为天数)			
17	广东	43	123	2014023	2013276		2015106
18	广东	44	123	2013276			2015016
19	广东	45	123	2013276			2015016
24	广东	43	122	2013333		2015019	
25	广东	44	122	2013333	2015019	2015019	
26	广东	45	122	2013365		2015019	
27	广东	43	121	2013262		2015044	
28	广东	44	121	2013278		2015044	
29	广东	45	121			2015044	

注：▨ 镶嵌采用时相。

OLI包括了ETM+传感器所有的波段，为了避免大气吸收特征，OLI对波段进行了重新调整，比较大的调整是OLI Band 5 (0.845～0.885μm)，排除了0.825μm处水汽吸收特征；OLI全色波段Band 8波段范围较窄，这种方式可以在全色图像上更好地区分植被和无植被特征；此外，还有两个新增的波段：蓝色波段（Band 1；0.433～0.453μm）主要应用于海岸带观测，短波红外波段（Band 9；1.360～1.390μm）包括水汽强吸收特征，可用于云监测；近红外Band 5和短波红外Band 9与MODIS对应的波段接近。

遥感影像图编图范围为东经112°50′—114°10′，北纬12°30′—24°00′，图件比例尺：1：50万；坐标系：1980北京坐标系；椭球参数：克拉索夫斯基（1940）椭球；投影类型：兰伯特等角圆锥投影；投影中央经线113°30′00″；投影第一纬线：23°00′00″；投影第二纬线：23°30′00″。卫星数据经计算机图像处理系统——ENVI、Erdas遥感图像处理系统和Arcgis、MapGIS地理信息系统处理；数据获取时间为2015年1月至10月；选取云覆盖量小于10%的遥感影像，地面分辨率30m。采用地形图上和待校正影像上选取同名点作为控制点，分景进行遥感影像的几何校正。采用主成分分析法对遥感影像进行融合。采用R3G4B5彩色合成方案，得到假彩色图像。图像镶嵌采用基于地理坐标的图像拼接。根据出图区域建立感兴趣区域（ROI），并由该ROI区域裁剪出所需遥感影像。

图件基本反映当前区域地形地貌特征、地表水系、城镇分布及土地利用情况等。图幅腹地为珠三角经济区核心区——广州市，其间散布着丘陵、残丘和台地，人口密度大，人类工程活动强。平原东、西、北三面低山丘陵环绕，沿海为南沙区。区内水系发育，河网密布。

1.2 广州市行政区划与人口密度分布图

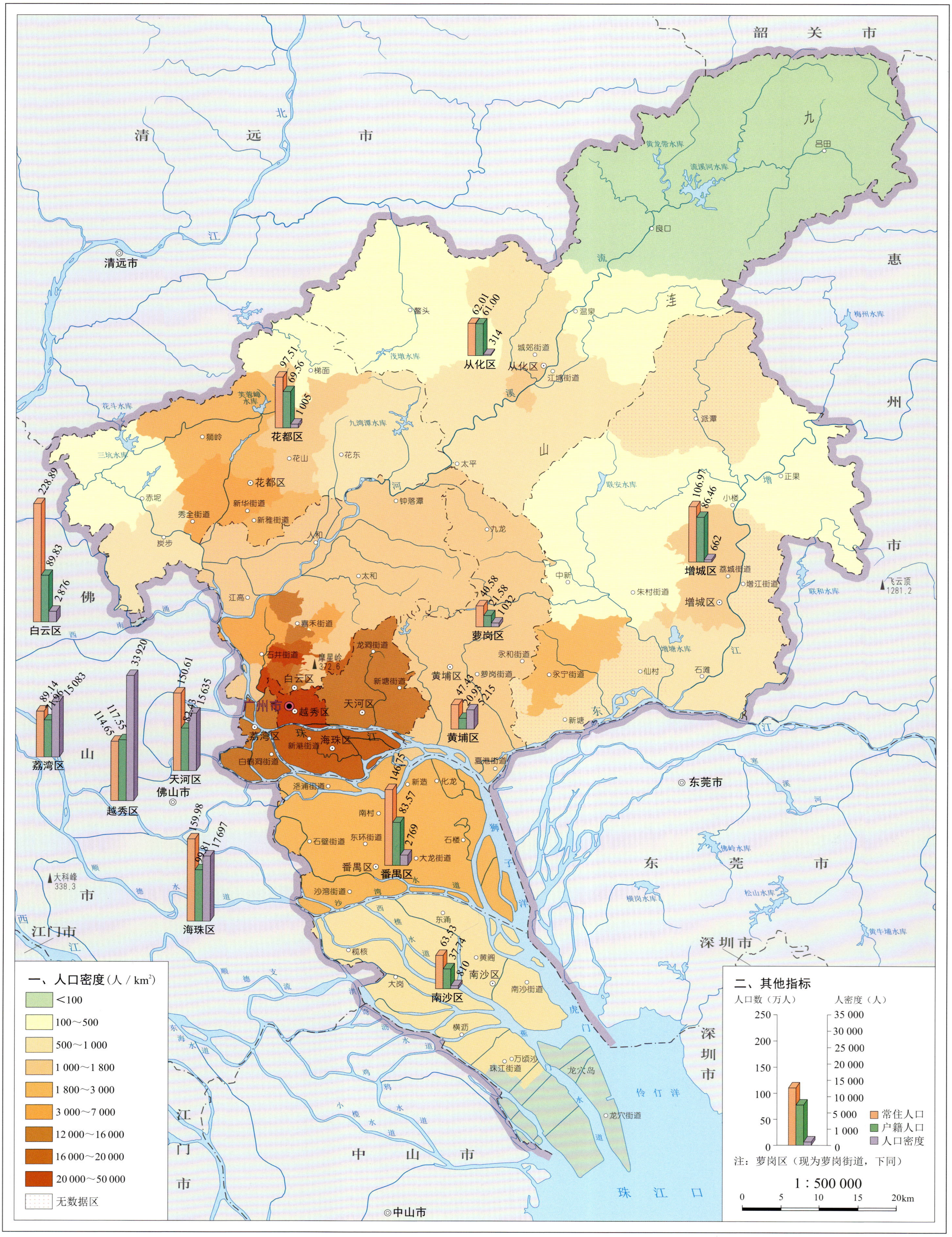

1.2.1 资料来源

人口资源与人口密度统计数据来源于《广州市统计年鉴（2015）》；4个土地面积最大的行政区乡镇人口密度数据分别来源于《增城年鉴（2015）》《从化年鉴（2014）》《花都年鉴（2014）》《白云年鉴（2014）》；各区县、乡镇界线资料来源于广州市规划设计院。图件由中国地质调查局武汉地质调查中心编制。

1.2.2 图件说明

1.2.2.1 人口规模

广州市是广东省省会，为珠三角核心城市，辖区内共包括12个区市（县级市），总面积达7 434.4 km²，其中主城区面积约3 843.43 km²，约占总面积的51%。区内总人口为1 308.05万人，主城区达1 139.07万人，占总人口的87%。人口统计主要按照常住人口、户籍人口及其他人口进行统计，见表1。

表 1 广州市各行政区人口规模及分级统计表

行政区	常住人口（万人）	户籍人口（万人）	其他人口（万人）	总人口规模（万人）
白云区	228.89	89.83	139.06	>200
海珠区	159.98	99.81	60.17	150～200
天河区	150.61	82.43	68.18	
番禺区	146.75	83.57	63.18	100～150
越秀区	114.65	117.55	-2.90	
增城区	106.97	86.46	20.51	
花都区	97.51	69.56	27.95	50～100
荔湾区	89.14	71.96	17.18	
南沙区	63.53	37.74	25.79	
从化区	62.01	61.00	1.01	
黄埔区	47.43	20.93	26.50	<50
萝岗区	40.58	21.58	19.00	

1）常住人口

常住人口总数超过200万人的有1个，为白云区，常住人口总数高达228.89万人；（150～200）万人的有2个，分别为海珠区和天河区；（100～150）万人的有3个，分别为番禺区、越秀区和增城区；（50～100）万人的有4个，分别为花都区、荔湾区、南沙区和从化区；50万人以下的区有2个，分别为黄埔区和萝岗区。

2）户籍人口

户籍人口以户籍登记为准。广州市各行政区户籍人口分布差异大，越秀区户籍人口大于117.55万人，是区内户籍人口最多的区，而户籍人口在（50～100）万人之间分布最为普遍，达8个区市，包括白云区、海珠区、天河区、番禺区、增城区、花都区、荔湾区和从化区，户籍人口小于50万人的为南沙区、黄埔区、萝岗区。

3）其他人口

其他人口以常住人口与户籍人口之间的差值计。这部分人口总数达465.63万人，占总人口的35.6%。在各区分布不均，差异较大，其中白云区139.06万人，大于100万人，为这部分人口最多的区，其次是海珠区、天河区、番禺区，人口规模分别为60.17万人、68.18万人、63.18万人，均大于50万人，其余各区市其他人口均小于50万人，而越秀区户籍人口多于常住人口，其他人口为-2.9万人，人口输出较突出。

1.2.2.2 人口密度

人口密度以每平方千米的常住人口计，各行政区人口密度差异很大（表2）。超过30 000人/km²的有1个，为越秀区，达33 920人/km²；10 000～20 000人/km²的有3个，分别为海珠区、天河区和荔湾区；1 000～10 000人/km²的有5个，分别为黄埔区、白云区、番禺区、萝岗区和花都区，剩余各区的人口密度均小于1 000人/km²，从化区人口密度最低，仅314人/km²。

表 2 广州市各行政区人口密度分级表

行政区	全市人口密度（人/km²）	级别（人/km²）
越秀区	33 920	>30 000
海珠区	17 697	10 000～20 000
天河区	15 635	
荔湾区	15 083	
黄埔区	5 215	1 000～10 000
白云区	2 876	
番禺区	2 769	
萝岗区	1 032	
花都区	1 005	
南沙区	810	<1 000
增城区	662	
从化区	314	

1.2.3 建议

以广州市主城区为中心，重点开发南沙区、从化区、增城区等人口规模和密度较小的区市，配套完善这些区内相关基础设施，引导人口分流，进行合理的人口资源配置。

1.3 广州市经济社会发展规划图

1 自然地理与人类活动

1.3.1 资料来源

资料主要来源于《广州城市总体规划（2011—2020）》及相关资料，图件由广州市城市规划勘测设计研究院编制。

1.3.2 图件说明

1.3.2.1 三大战略枢纽

广州定位于国际航运枢纽、国际航空枢纽、国际科技创新枢纽，是培育和拓展国家中心城市功能的核心依托，也是广州在全球城市体系中扮演重要角色的有力支撑。

国际航运枢纽：主要依托南沙区、广州港建设，加快自贸试验区发展，升级改造黄埔临港经济区，将市区散货码头功能逐步迁出，建设商务港，巩固提升"千年商都"的优势。

国际航空枢纽：主要依托白云国际机场建设，大力发展临空经济，努力建设国家级航空港经济综合实验区，拓展广州产业发展新空间。

国际科技创新枢纽：主要依托科技创新走廊的建设，加快建设珠三角国家自主创新示范区和全面创新改革试验核心区，成为广州市实施创新驱动发展的重要引擎。包括广州高新区、中新广州知识城、广州科学城、琶洲互联网创新集聚区、广州国际生物岛、广州大学城、黄花岗科技园和民营科技园等。

1.3.2.2 总部、金融、科技服务集聚区

着力打造珠江新城、广州国际金融城、琶洲互联网创新集聚区融合发展的黄金三角区，重点发展总部经济、现代服务业、科技型服务经济，打造广州总部、金融、科技集聚区。

珠江新城已经基本建成，是传统CBD（中央商务区）；国际金融城专注金融，是CBD的核心产业，弥补了珠江新城的不足；琶洲以会展起步，现在又拓展互联网集聚区，注重新兴产业。三角区形成的珠江两岸泛CBD提供了国际级大都市的平台格局。

1.3.2.3 三大国家级经济技术开发区

广州经济技术开发区：是1991年3月经国务院批准成立的首批国家级高新区之一，地处广州市东部。包括西区、东区（出口加工区）、永和经济区（广州台商投资区）和广州科学城4个区域。

增城经济技术开发区：是增城区三大主体功能区中南部新型工业区的核心区域，2010年经国务院批准为国家级开发区。

南沙经济技术开发区：1993年5月12日，国务院批准设立总面积803km^2，位于广州市最南端、珠江虎门水道西岸，是西江、北江、东江三江汇集之处；东与东莞市隔江相望，西与中山市、佛山市顺德区接壤，北以沙湾水道为界与广州市番禺区隔水相连，南濒珠江出海口伶仃洋。

1.3.2.4 特色功能区

特色功能区包括天河智慧城、广州南站商务区、广州北站商务区、广州国际创新城、白鹅潭经济圈、白云新城、北京路文化核心区、新中轴线南段商务区和从化经济开发区。

1.4 广州市城市发展空间格局图

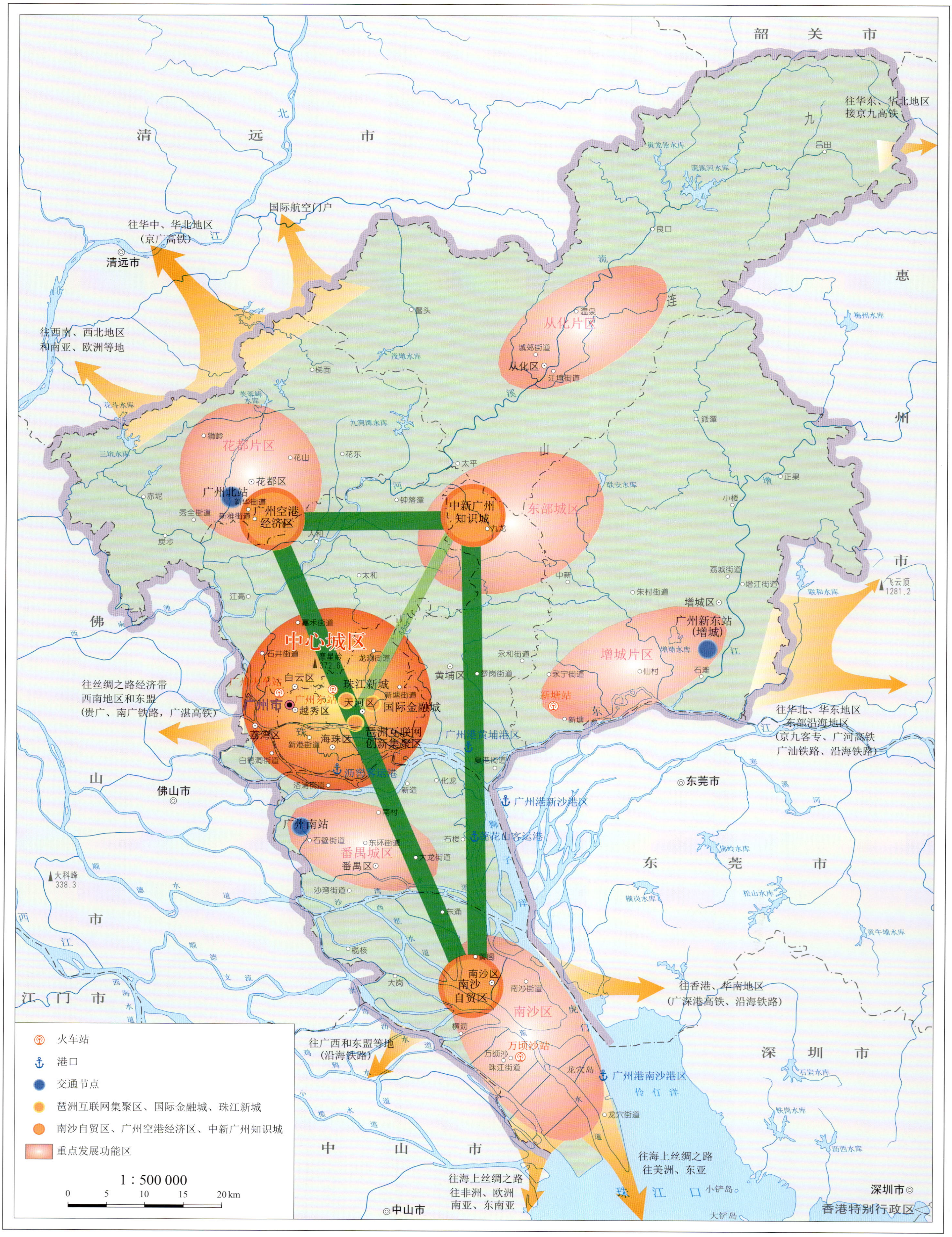

1 自然地理与人类活动

1.4.1 资料来源

资料主要来源于《广州城市总体规划（2011—2020）》等相关资料，图件由广州市城市规划勘测设计研究院编制。

1.4.2 图件说明

广州地处中国珠江三角洲的中心，城市历史悠久，自古以来就是华南地区的政治、经济、文化中心，是国家中心城市之一、国家历史文化名城，广东省省会，我国重要的国际商贸中心、对外交往中心、综合交通枢纽、国际航运中心和国际航空中心。广州继续实施"南拓、北优、东进、西联、中调"的十字方针，促进城市空间发展从拓展增长走向优化提升，形成"一个都会区、两个新城区、三个副中心"的多中心网络型城市空间结构。

1.4.2.1 交通运输体系

广州市科学布局综合交通运输体系，强化国际空港、海港、国家铁路主枢纽功能，提升大交通综合枢纽地位。

广州白云国际机场是中国三大枢纽机场之一，已开通123条国内外定期航班航线，其中国内航线86条，国际及地区航线50条，每天有超过500架次航班起降。

广州港是中国第四大港口，吞吐量居世界第五位，是世界海上交通史上唯一2 000多年长盛不衰的大港，被称为"历久不衰的海上丝绸之路东方发祥地"。

"四通八达"高铁网络：往北为北京—哈尔滨、重庆—上海、梅州—上海，往西为贵阳—东南亚、湛江—海南，往南为深圳—香港、珠海—澳门。

"四面八方"综合枢纽：形成"四主四辅"八大铁路枢纽，"四主"为广州站、广州东站、广州南站、广州北站，"四辅"为新塘站、增城站、万顷沙站、庆盛站。

广州站：华南地区重要的综合交通枢纽，是广州中心城区内的主要客运站；主要办理京广、京茂普速车，贵广、南广、广汕及京九客专部分动车，广清城际全部动车，广佛肇、广佛江珠城际部分动车。

广州东站：广州中心城区主要客运站和综合交通枢纽。通过广深四线衔接广汕铁路、京九客专、京九既有线、穗莞深城际等众多铁路，主要办理京九铁路、广深大部分、穗莞深部分始发列车。

广州南站：华南地区高铁枢纽核心客站，主要办理京广客专、广深港客专、贵广部分始发车、广珠城际始发车。

广州北站：广州市空铁联运枢纽的重要组成部分，北部综合交通枢纽，主要办理京广铁路、京广客专、贵广铁路通过客车，广清城际、广佛环线、穗深莞城际等部分始发和通过车辆。

1.4.2.2 交城市发展空间格局

一个都会区：即中心主城区（广州老八区，包括珠江新城、白鹅潭、广州国际生物岛、大学城及周边地区，番禺城区，新客站周边地区，奥体中心，白云新城，琶洲地区，金沙洲居住区，亚运主场馆周边地区），是国家中心城市功能的主要承载地。重点发展现代商贸、金融保险、文化创意、医疗健康、商务与科技信息和总部经济等现代服务业，优化布局区域及城市高端功能；加强历史文化保护，提升都会区用地效益和环境品质。

两个新城区：指南沙区（包括南沙中心区、南沙自贸区、南沙汽车产业基地、南沙临港产业区等）和东部山水新城（包括萝岗中心区、广州科学城及周边地区、中新知识城、东部石化和汽车产业区等），是带动率先转型升级的两个战略性新区。重点完善综合配套，注重提升新城区综合服务功能，实现居住、就业、基本公共服务设施均衡协调及与产业同步发展，吸引人口加快集聚。

三个副中心：指花都、从化、增城三个副中心，是城乡统筹的重要载体。提升综合服务功能，承接都会区人口和功能的疏解，辐射带动镇、村整体联动，共同发展。花都副中心包括广州白云机场周边地区和花都汽车产业基地。

1.5 广州市重大基础设施分布图

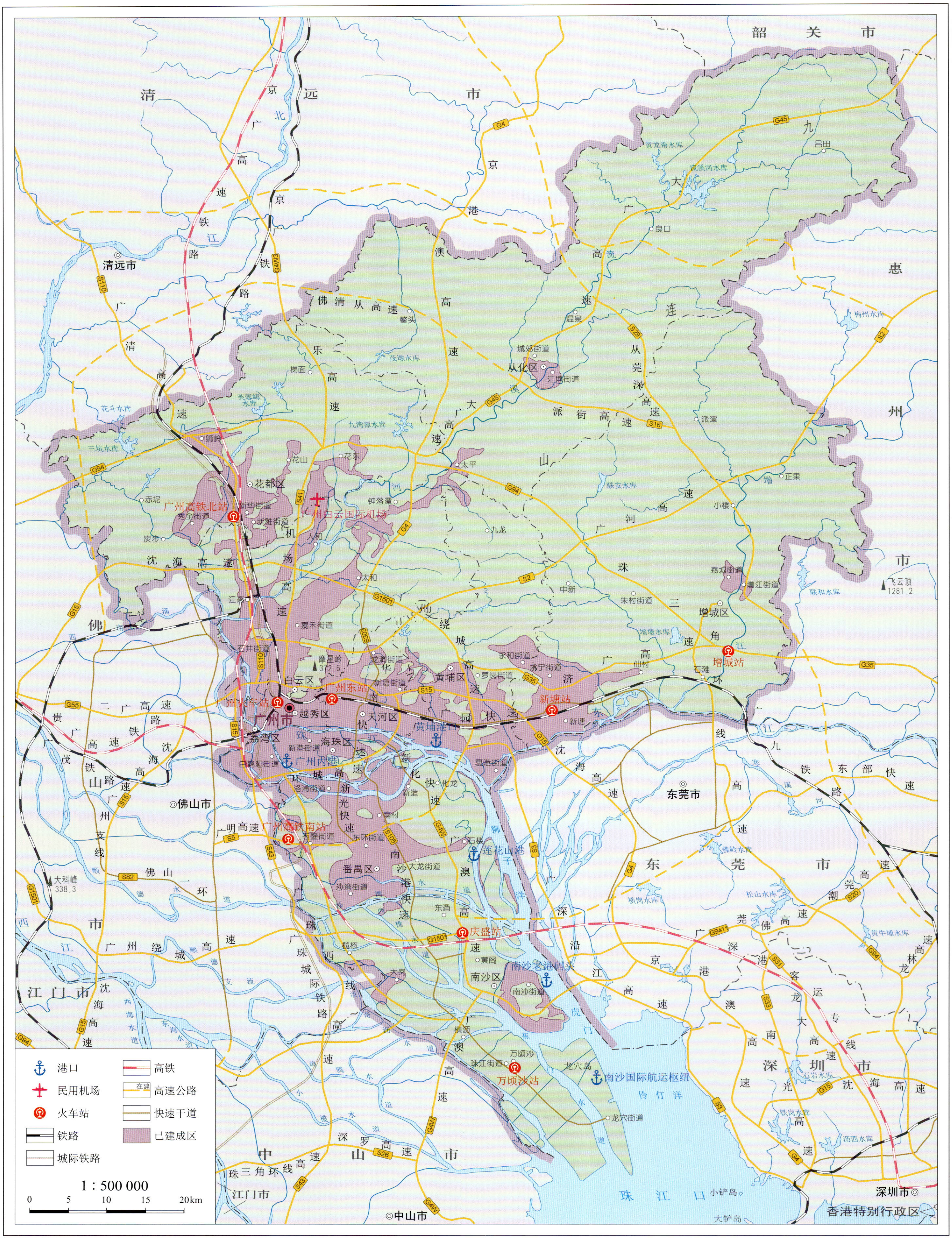

1 自然地理与人类活动

1.5.1 资料来源

资料来源于《广州城市总体规划（2011—2020）》等资料，图件由广州市城市规划勘测设计研究院编制。

1.5.2 图件说明

图中主要表述的内容有内河主要港区及沿海港口、民用机场、火车站、石化基地、天然气主干线、石油运输管线、主要铁路线路、主要城际铁路线路、主要高速公路及城市轨道交通线路。其中内河主要港区及沿海港口5个（黄埔港、广州内港、莲花山港、南沙老港码头、南沙新港），民用机场1个（广州白云国际机场），火车站8个（广州站、广州东站、广州南站、广州北站、新塘站、增城站、庆盛站、万顷沙站），石化基地1个（广州石化基地）。

1.5.2.1 综述

广州是广东省省会、国家历史文化名城，我国重要的中心城市、国际商贸中心和综合交通枢纽。目前广州重大基础设施日益完善，其中铁路四通八达，连通全国；高速公路网基本覆盖所有区域；白云机场是国内三大航空枢纽之一；内河航道以千吨级航道为骨干，主要港口出海航道均满足5万吨级船舶通航要求；市内核心城区轨道交通、公交线路发达；输电线路形成与粤东、西、北地区电网连通的500kV双回路内外环电网骨干网架；广州石化基地由炼油、乙烯主业组成，具有年综合加工原油$1\,320 \times 10^4$t、生产乙烯22×10^4t的能力。

1.5.2.2 分述

1）交通运输设施

广州市交通运输以铁路、民航、航运、公路为基础连通全省和全国，主要形成"广州北站—白云机场交通枢纽""广州站—广州东站—广州南站交通枢纽""黄埔港—新塘站—增城站交通枢纽""庆盛站—南沙站—南沙港交通枢纽"，并有21世纪"海上丝绸之路"海运航线。

广州市铁路及城际铁路包括广深港高速铁路、广深城轨、广珠城轨、武广客运专线、南广高速铁路、广东西部沿海高速铁路、贵广高速铁路、京广铁路、广茂铁路、广珠铁路、广深铁路、广梅汕铁路。

广州市高速公路包括广清高速公路、京港澳高速公路、广惠高速公路、广深高速公路、广佛高速公路、广三高速公路、广肇高速公路、广梧高速公路、广贺高速公路、广河高速公路、广明高速公路、广深沿江高速公路、珠三角外环高速公路、环城高速公路、北二环高速公路、新国际机场高速公路。

作为中国三大枢纽机场之一的广州白云国际机场已开通123条国内外定期航班航线，其中国内航线86条，国际及地区航线50条，每天有超过500班次航班起降。

广州内河主要港区及沿海港口现已与世界170多个国家和地区的500多个港口有贸易往来，每年港口货物吞吐量达5×10^8t以上。

广州市内交通主要由公交、地铁、有轨电车、无轨电车、水上巴士覆盖，其中地铁已运营线路9条，包括164座运营车站，总里程260.5km，另有在建规划线路15条，总里程扩至520km。

2）能源设施及能源输送

广州顺应国际产业转移大形势，建设沿海石化产业带，在广州市布局广州石化基地，拥有石油化工主要生产装置50套，拥有30.5×10^4kW自备热电站、惠州港30×10^4t级原油码头，以及相配套的储运设施和产品出产设施。广州现有天然气主要是深圳大鹏LNG接收站、西气东输二线和海上天然气；管道方面，大鹏配套管线和广东省主干网工程已建成连接广州各区及珠三角各市的输气主干管网。珠三角成品油管道工程西起湛江三岭山油库，途经茂名、佛山、广州，东至深圳大鹏湾和惠州大亚湾，覆盖珠江三角洲地区，全长约1 150km。

1.5.2.3 建议

目前广州的交通体系更多是以服务城市自身为目标，缺乏开放性的组织，"带动全省、辐射华南、影响东南亚"的区域中心城市的定位要求较难实现。如新白云机场选址上偏离了珠三角的重心，需要通过快速衔接通道来弥补地理位置上的不足，机场与佛山中心区等重要腹地缺乏快速轨道联系。广州市虽然加大了轨道交通建设力度，但轨道交通网络结构还没有形成，特别是缺乏支撑空间结构的轨道快线。此外，广州一直是华南地区重要的铁路枢纽，但铁路与其他重大交通设施的衔接不够合理，影响了综合效率的发挥。需进一步加强基础设施的规划、建设合理性，加强交通网路的联系，改造优化已有设施，促进城市可持续发展目标的达成。

1.6 广州市地下空间分布图

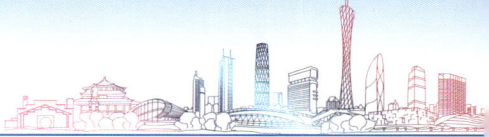

1.6.1 资料来源

资料来源于广州市既有地铁线路资料、大型地下商场等地下空间开发与利用现状相关项目资料。图件由广州市城市规划勘测设计研究院汇编而成。

1.6.2 图件说明

广州正处于经济高速发展时期，城市人口高度集聚，交通拥堵、环境恶化等问题日益尖锐，地下空间开发利用成为解决问题的手段之一。广州市地下空间主要类型为地下交通设施（地下轨道交通、城市道路地下隧道）与大型地下商业城。近20年来，以地铁1号线为标志，地下轨道交通、城市道路地下隧道、大型地下商场与地下停车场等不断涌现，地下空间开发利用向多层、大型、规模化发展，对缓解广州城市发展与用地矛盾发挥了巨大作用。其中，广州地铁贯穿东西新旧城区和南北珠江两岸，日均客流量达480万人次，承担着巨大的客运交通作用。目前，广州地铁已开通10条，地下线路总长约207.33km。

广州市大型地下空间现况详见表1～表3。

表1 广州市已开通运营轨道交通

线路名	起止车站	运营里程（km）	地下隧道长（km）	地下隧道高（m）	车站总数（座）	地下车站数（座）	换乘点
1号线	广州东站—西朗	18.50	约16.45	6	16	14	广州东站、体育西路、杨箕、东山口、公园前黄沙、西朗
2号线	广州南站—嘉禾望岗	31.80	31.80	6	24	24	昌岗、海珠广场、公园前、广州火车站、嘉禾望岗
3号线	番禺广场—天河客运站	33.50	33.50	6	17	17	天河客运站、体育西路、珠江新城、广州塔、客村
3号线北延段	体育西路—机场南	30.90	30.90	6	13	13	林和西、广州东站、燕塘、嘉禾望岗、广州塔
4号线	黄村—金洲	43.65	约21.89	6	17	9	车陂南、万胜围
5号线	滘口—文冲	31.90	约30.20	6	24	22	如意坊、广州火车站、区庄、杨箕、珠江新城、车陂南
6号线	长湴—浔峰岗	24.50	约17.62	6	21	18	天河客运站、燕塘、区庄、东山口、海珠广场、黄沙、如意坊
8号线	凤凰新村—万胜围	15.15	15.15	6	13	13	昌岗、客村、万胜围
APM线	林和西—广州塔	3.88	3.88	6	9	9	林和西、广州塔
广佛线（广州段）	西朗—燕岗	约5.94	约5.94	6	4	4	西朗

表2 广州市大型商业地下空间

图中编号	名称	地下空间规模	空间功能
1	珠江新城核心区（花城广场）地下空间	地下2层，局部3层，总建筑面积44×10⁴m²，地下空间超过20×10⁴m²，约15×10⁴m²商业区	商业中心、地下停车场
2	东山锦轩现代城	地下3层，总面积6×10⁴m²，地下商城0.5×10⁴m²，车库2×10⁴m²	商场、停车库
3	康王商业城	总面积4.8×10⁴m²，商业面积2.2×10⁴m²	商业街
4	地王广场—中华广场地下商城（流行前线）	地下2～3层，面积4.3×10⁴m²	商业、娱乐、停车库
5	公园前地下商城（动漫星城）	地下2层，面积3.2×10⁴m²，其中商城2×10⁴m²，车库0.76×10⁴m²	商城、停车场
6	广州金融城	地下3层，地下建筑213.56×10⁴m²，车库109.4×10⁴m²，部分未竣工	商业、金融、文化、娱乐、车库
7	广州番禺万博园	地下4层，总建筑规模约180×10⁴m²，地下空间171.11×10⁴m²	商业、娱乐、地下停车场

表3 广州市城市道路地下隧道

图中编号	线路名	隧道总长（m）	暗埋段长度（m）	隧道高度（m）	隧道宽度（m）
8	洲头咀隧道	2696.0	1512.0	6.02	31.4
9	珠江隧道	1238.5	525.5	8.15	33.4
10	仓头—生物岛隧道	1110.0	655.0	5.45	23.0
11	生物岛—大学城隧道	1138.6	810.0	5.45	23.0
12	永和隧道	932.0	932.0	5	11.5
13	康王路下穿流花湖隧道（在建）	2025.0	1660.0		约20

1.6.3 地下空间发展规划及开发利用建议

为实现土地集约节约发展，广州市2012年编制《广州城市地下空间利用规划》，将广州市地下空间开发用地划定为慎建区、限建区、适建区和已建区4个控制分区，预测2020年规划广州地下空间开发利用规模约9 000×10⁴m²，其中可出让地下商业设施约800×10⁴m²。广州市域范围将形成"一核、五片、多点"的地下空间布局结构，结合轨道交通建设、城市公共中心体系和人防工程规划，在都会区规划白云新城等17个地下空间发展重点地区。

广州市地质条件复杂，断裂构造、岩溶、软土、孤石等不良地质作用和特殊性岩土发育，地下空间开发利用需重视相关的环境工程地质和岩土工程问题。在隐伏岩溶分布区、巨厚层软土分布区等地质条件差的地段，需慎建地下空间项目。

1.7 广州市国土经济开发强度图

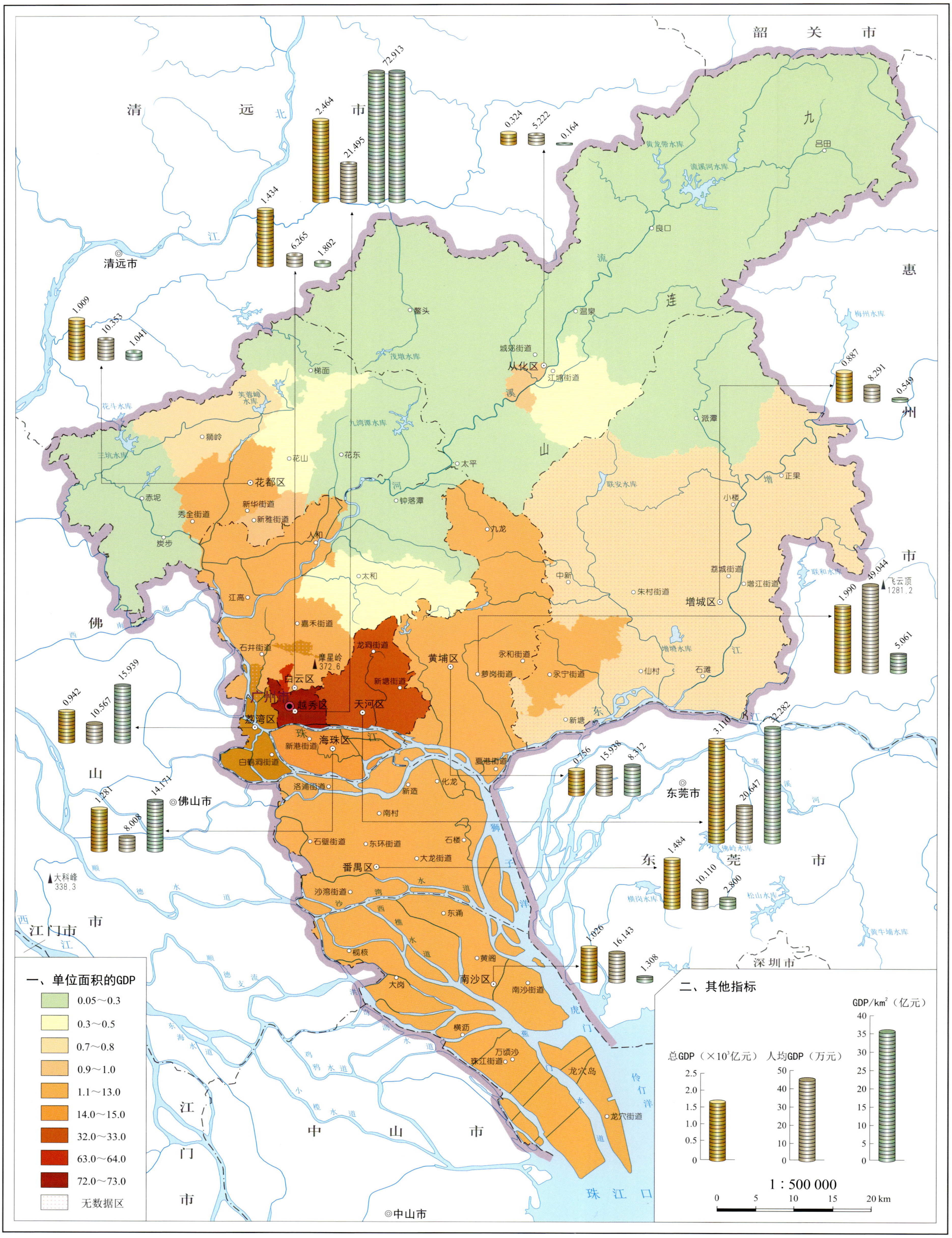

1.7.1 资料来源

广州市各区、县级市经济开发强度统计数据来源于《广州市统计年鉴（2015）》；4个土地面积最大的行政区乡镇人口密度数据分别来源于《增城年鉴（2015）》《从化年鉴（2014）》《花都年鉴（2014）》《白云年鉴（2014）》各区县、乡镇界线资料来源广州市规划设计院。最终成图由中国地质调查局武汉地质调查中心完成。

1.7.2 图件说明

1.7.2.1 总GDP

广州市各行政区总GDP差异较大（表1）。GDP总量大于3 000亿元1个，为天河区，总GDP为3 109.71亿元；（2 000～3 000）亿元的有1个，为越秀区；（1 000～2 000）亿元的有6个，分别为萝岗区、番禺区、白云区、海珠区、南沙区和花都区；（500～1 000）亿元的有3个，分别为荔湾区、增城市和黄埔区；从化区总GDP最低，仅为323.82亿元。

表 1　各行政区总GDP分级表

行政区	总 GDP/（亿元）	级别/（亿元）
天河区	3 109.71	> 3 000
越秀区	2 464.45	2 000～3 000
萝岗区	1 990.22	1 000～2 000
番禺区	1 483.64	
白云区	1 434.05	
海珠区	1 281.09	
南沙区	1 025.59	
花都区	1 009.48	
荔湾区	941.96	500～1 000
增城区	886.90	
黄埔区	755.96	
从化区	323.82	< 500

1.7.2.2 人均GDP

各行政区人均GDP是用总GDP除以常住人口得到。人均GDP也存在明显的地区差异（表2）。超过40万元的有1个，为萝岗区，其人均GDP达49.044万元；（20～30）万元的有2个，分别是越秀区和天河区；（10～20）万元的有5个，分别是南沙区、黄埔区、荔湾区、花都区和番禺区；（5～10）万元的有4个，分别是海珠区、增城市、白云区和从化市，其中以从化市最低，仅为5.222万元/人。

表 2　各行政区总GDP分级表

行政区	人均 GDP/（万元）	级别（万元/人）
萝岗区	49.044	> 40
越秀区	21.495	20～30
天河区	20.647	
南沙区	16.143	10～20
黄埔区	15.938	
荔湾区	10.567	
花都区	10.353	
番禺区	10.110	
海珠区	8.008	5～10
增城区	8.291	
白云区	6.265	
从化区	5.222	

1.7.2.3 单位面积GDP

广州市各行政区单位面积GDP由总GDP除以区面积得到（表3）。单位面积GDP大于70亿元/km²的有1个，为越秀区，高达72.913亿元/km²；（30～40）亿元/km²的有1个，为天河区，单位GDP为32.282亿元/km²；（10～20）亿元/km²的有2个，分别为荔湾区和海珠区；（5～10）亿元/km²的有2个，分别为黄埔区和萝岗区；（1～5）亿元/km²的有4个，分别为番禺区、白云区、南沙区和花都区；小于1亿元/km²有2个，分别为增城区和从化区，其中从化区单位面积GDP最低，仅为0.164亿元/km²。

表 3　各行政区单位面积 GDP 分级表

行政区	单位面积 GDP（亿元/km²）	级别（亿元/km²）
越秀区	72.913	> 70
天河区	32.282	30～40
荔湾区	15.939	10～20
海珠区	14.171	
黄埔区	8.312	5～10
萝岗区	5.061	
番禺区	2.800	1～5
白云区	1.802	
南沙区	1.308	
花都区	1.041	
增城区	0.549	< 1
从化区	0.164	

1.7.3 建议

广州市各行政区总GDP、人均GDP及单位GDP差异巨大，建议加大从化区、增城区及花都区开发力度，进行资源合理配置，结合区域实际情况有序开发发展。

2 地质条件

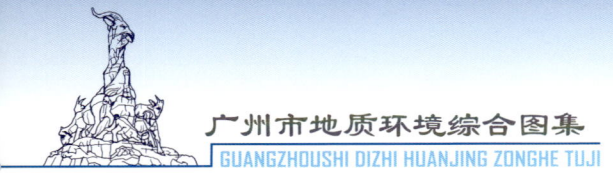

2.1 广州市地貌分区图

韶 关 市
清 远 市
惠 州 市
东 莞 市
深 圳 市
佛 山 市
江 门 市
中 山 市
清远市
佛山市
东莞市
江门市
中山市
深圳市
香港特别行政区
广州市
越秀区
荔湾区
海珠区
天河区
白云区
黄埔区
番禺区
花都区
从化区
增城区
南沙区
吕田
良口
温泉
城郊街道
江埔街道
太平
梯面
狮岭
花山
花东
赤坭
秀全街道
新华街道
新雅街道
炭步
人和
钟落潭
九龙
太和
中新
荔城街道
增江街道
朱村街道
派潭
正果
小楼
江高
嘉禾街道
石井街道
龙洞街道
新塘
仙村
石滩
永和街道
萝岗街道
永宁街道
新港街道
白鹤洞街道
洛浦街道
新造
化龙
南村
石碁街道
东环街道
石楼
大龙街道
沙湾街道
东涌
榄核
黄阁
大岗
南沙街道
横沥
万顷沙
珠江街道
龙穴岛
龙穴街道
小铲岛
大铲岛
帽峰山
372.6
飞云顶
1281.2
大科峰
338.3
流溪河水库
黄龙带水库
茂墩水库
九湾潭水库
芙蓉嶂水库
花斗水库
三坑水库
联安水库
梅州水库
联和水库
增塘水库
横岗水库
松山水库
黄牛埔水库
石岩水库
铁岗水库
西丽水库
金鲘水库
北 江
流 溪 河
珠 江
东 江
狮 子 洋
虎 门
伶 仃 洋
珠 江 口
Ⅰ
Ⅱ
Ⅲ
Ⅳ1
Ⅳ2
Ⅰ 中低山
Ⅱ 丘陵
Ⅲ 台地
Ⅳ1 冲(洪)积平原
Ⅳ2 三角洲平原
1 : 500 000
0 5 10 15 20km

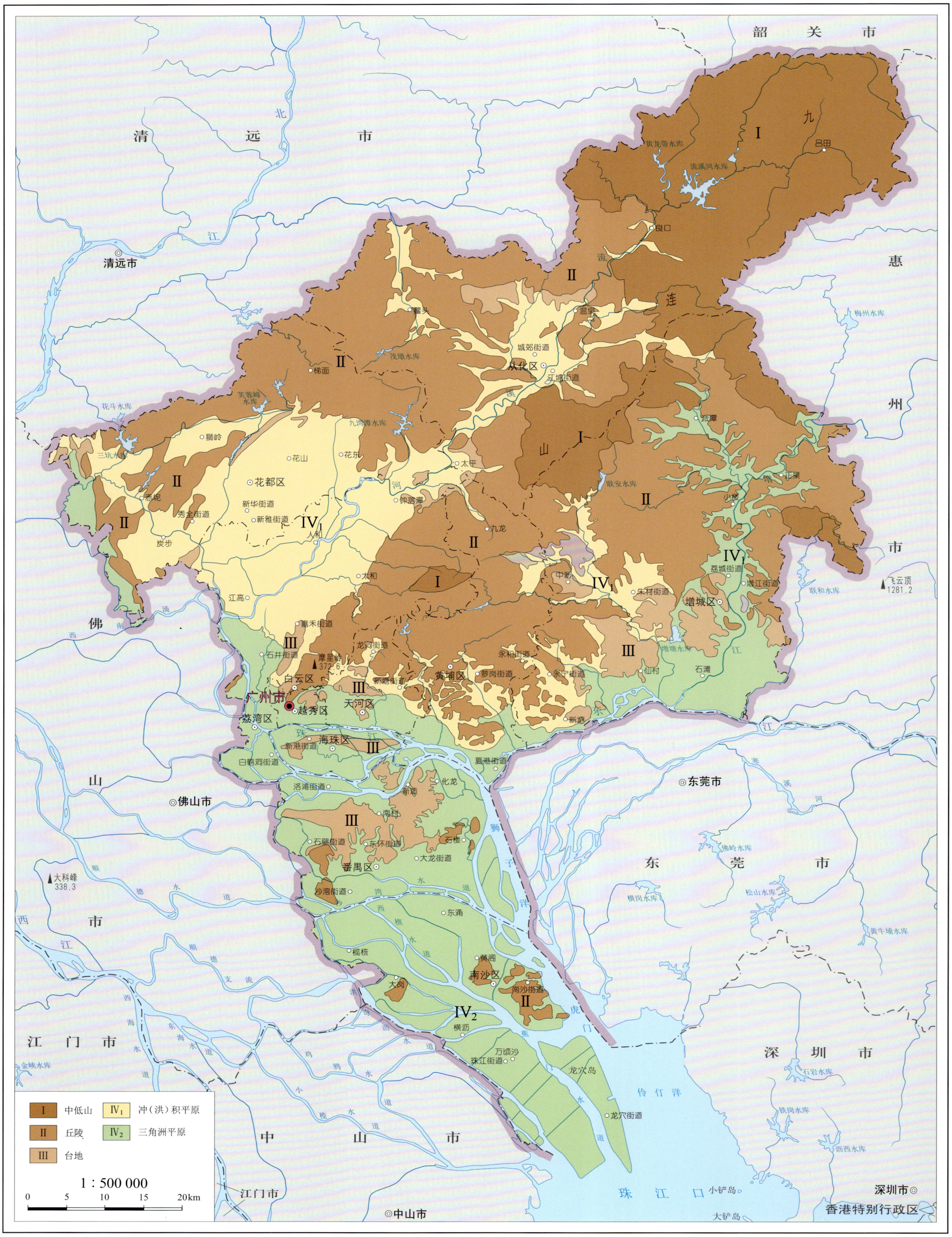

2.1.1 资料来源

利用收集广东省地质调查院的《珠江三角洲地区地貌单元分区图》，获得的珠江三角洲地貌单元分区数据。图件由中国地质调查局武汉地质调查中心编制。

2.1.2 图件说明

广州市是广东省的省会，地处广东省中部、珠江三角洲北缘，南面是珠江三角洲平原，东部、北部是山地和丘陵区。地势自北向南降低，最高峰为北部从化区与龙门县交界处的天堂顶，海拔为1 210m；东北部为中低山地；中部为丘陵盆地；南部是沿海冲积平原，为珠江三角洲的组成部分。广州市地形复杂多样，按其成因类型和形态特征可将其地貌大致划分为3个区，两个亚区，即中低山（Ⅰ）、丘陵（Ⅱ）、台地（Ⅲ）、冲（洪）积平原（Ⅳ$_1$）、三角洲平原（Ⅳ$_2$）。

中低山（Ⅰ）：是海拔500～1 000m的山地，主要分布在广州市的东北部莲花山脉，山体走向明显受控于北东向深大断裂，形成反差较大的高山深谷地形，流水切割强烈，多呈"V"形谷。外表形态特征与组成山体的岩性有一定关系，由侏罗纪火山岩和泥盆纪石英砂岩构成的中低山，多以山脉展布，因岩石坚硬，抗风化能力强，故山脊体坡陡，地势险峻；由花岗岩、混合岩等构成者，山体庞大，坡度和缓，一般坡度在20°～25°，成土母质以花岗岩和砂页岩为主。这类土地是重要的水源涵养林基地，宜发展生态林和水电。

丘陵（Ⅱ）：是海拔200～500m垂直地带内的坡地，主要分布在山地、盆谷地和平原之间，在增城区、从化区、花都区以及市区东部和北部均有分布。由花岗岩或混合岩组成的丘陵，地势一般平缓、山顶浑圆，沟谷多呈"U"形谷，风化壳发育较厚，于丘陵谷地或丘陵山坡常见有"石蛋"堆叠；由砂页岩或变质岩组成的丘陵，山脊尖锐，沟谷以"V"形居多，风化壳不甚发育，多为薄层碎屑覆盖，地形陡峻；由红色砂页岩组成的丘陵，山顶常呈平台状，山脊较陡，风化土层较薄。成土母质主要由砂页岩、花岗岩和变质岩构成，这类土地可作为用材林和经济林生长基地。红壤、赤红壤是本区的主要土地资源，植被类型丰富。

台地（Ⅲ）：是相对高程80m以下、坡度小于15°的缓坡地或低平坡地。主要分布在增城区、从化区、白云区和黄埔区，番禺区、花都区、天河区亦有零星分布，构成岩性为混合岩和花岗岩。其形态主要与切割程度有关。高台地，常呈波状起伏或豆状形态；低台地，地表形态常呈馒头状或平台状；于平原则呈孤丘状。台地风化作用强烈，残积土厚度大。成土母质以堆积红土、红色岩系和砂页岩为主，赤红壤是其主要的土壤类型。这类土地可开发利用为农用地，也很适宜种水果、经济林或牧草。

冲（洪）积平原（Ⅳ$_1$）：主要有流溪河冲积的广花平原等地带的冲积、洪积平原。冲积平原宽窄不一。东江冲积平原是本区平原的主体，平原面平坦开阔，产业聚集，经济较为发达。

三角洲平原（Ⅳ$_2$）：为南部珠江三角洲平原，主要分布在番禺和南沙沿海地带的冲积、海积平原。平原地势低洼，平坦开阔，河网如织。随着河道上游筑坝，河道径流作用的减弱，造成三角洲河道出现淤积和咸潮上溯，土壤盐渍化明显，河水自净能力减弱，污水滞留以致水土污染较严重。该区是人口密度大、经济最发达、人类工程-经济活动最强烈的地带之一，但地质环境较脆弱，是生态环境的敏感区。

2.1.3 建议

广州市濒临南海，典型的亚热带季风海洋气候，且背山面海，地貌类型复杂多样。由于气候温和，土壤湿润，阳光充足，且对外交往密切，经济发达，适宜人类居住。区内台地、平原面积较为广阔，河网密布，工业较多，地质环境较脆弱，建议国土开发利用应注重考虑天然地势屏障，保护生态环境，提高河流净化能力。

2.2 广州市地质构造及区域地壳稳定性图

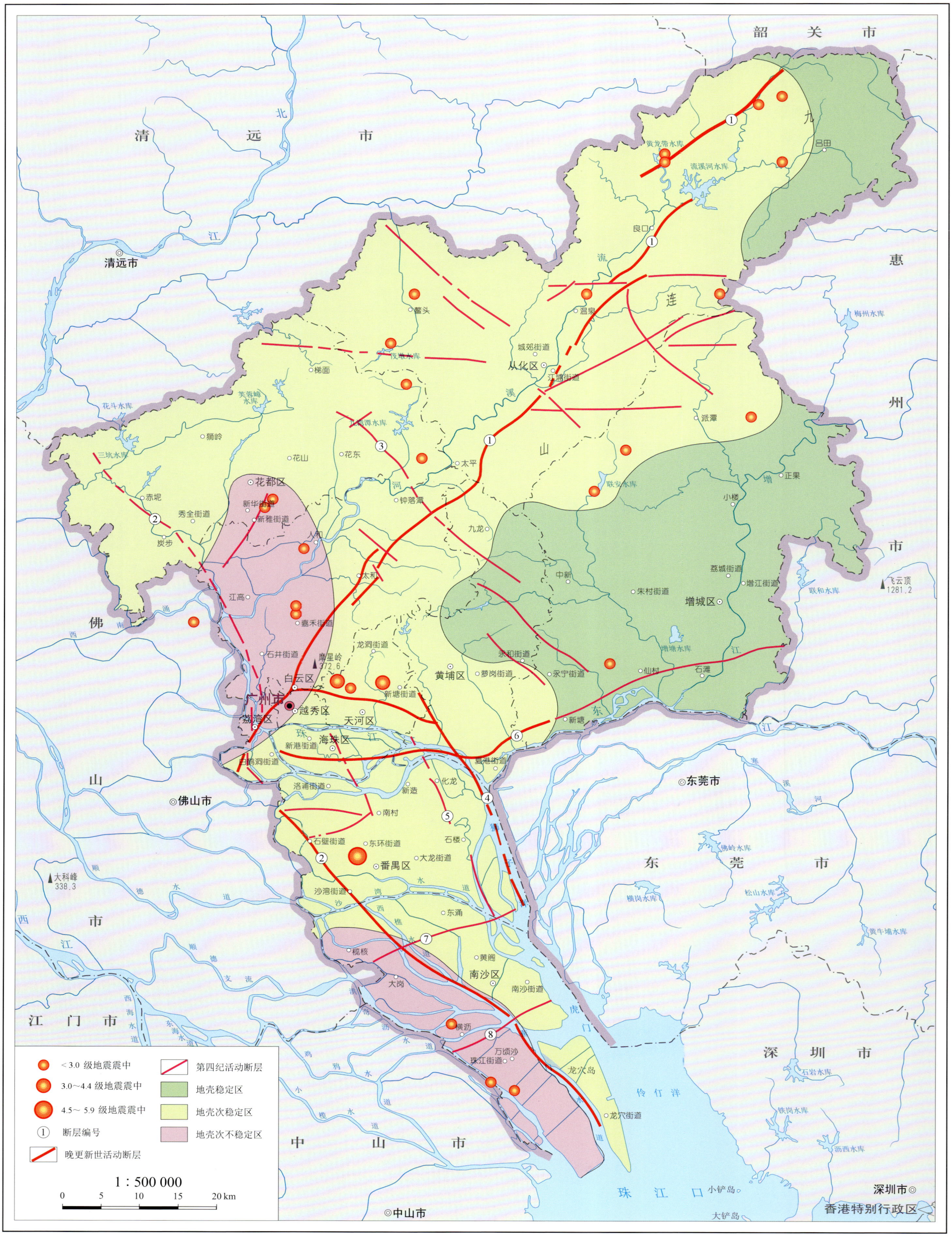

2.2.1 资料来源

活动断裂、地震数据来源于中国地质科学院地质力学研究所、中国地震局及广东省地震局等单位；各区县、乡镇界线资料来源于广州市规划设计院。图件由中国地质调查局地质力学研究所编制。

2.2.2 图件说明

2.2.2.1 活动断裂

广州位于华南板块东南沿海块体内部第四系覆盖层厚度较薄的珠江三角洲，新生代构造运动以发育多组走向第四纪断层和断块升降运动为特征，形成了北西向和北东向两组断裂的构造格架。

北东向断层是区域上规模最大的断层，延伸长度常在数百千米，沿断层常有中新生代断陷盆地、基性岩体和温泉分布。广州市辖区内北东向断层以广州-从化断裂最显著。北西向断裂规模较小，但几乎截切了所有北东向和东西向断层，控制着沿海水系的发育、沿海海湾的形成。其中，狮子洋断裂、白坭-沙湾断层对区域影响较大。东西向断层横贯广州市辖区北部、中部、南部地区，其中以瘦狗岭-罗浮山断裂最显著。

广州市主要活动断层8条，其中晚更新世活动断裂4条，其中1条活动性为A级（活动速率1~10mm/a），3条活动性为B级（0.1~1.0mm/a）；第四纪活动断裂4条，活动性为C级（<0.1mm/a）（表1）。

表1　广州市主要活动断层统计表

序号	断层名称	活动年代	活动性
1	广州-从化断裂	晚更新世	A
2	白坭-沙湾断裂	晚更新世	B
3	西塘断裂	第四纪	C
4	狮子洋断裂	晚更新世	B
5	化龙-黄阁断裂	第四纪	C
6	瘦狗岭断裂	晚更新世	B
7	东莞断裂	第四纪	C
8	横沥断裂	第四纪	C

2.2.2.2 地震活动

广州市位于东南沿海地震带边缘，历史地震灾害相对较轻。历史地震对区域影响主要有广州、佛山南海、江门鹤山和澳门等地。广州地区历史有感地震29次，但历史地震对广州市影响烈度均未超过Ⅵ度。

根据广东省地震台网的观测资料，1970—2017年，广州地区共记录到$M_L \geq 1.0$级以上地震108次（其中广州市区M_L4.0级以上地震3次），主要沿广州-从化断裂及其分支断层、白坭-沙湾断层南段分布。

2.2.2.3 区域地壳稳定性

考虑活动断层、地震活动、地形变场、岩性特征等影响因素，采用综合评分法，按照稳定区、次稳定区、次不稳定区和不稳定区4个等级进行地壳稳定性评价。广州市地壳基本稳定，各分区分述如下：

次不稳定区主要分布于广州市中西、南部，为南沙次不稳定区和白云次不稳定区。

稳定区主要分布于广州市北部和中东部，为从化稳定区和增城稳定区。

其他地区均为次稳定区。

2.2.3 建议

广州市地壳基本稳定，有利于开展重大工程建设。其中增城稳定区地震活动性弱，活动断层发育程度低，有利于增城副中心建设。但需关注广州-从化断层及其可能引发的地质灾害、中西部白云次不稳定区活动断层与岩溶塌陷联合作用下的不良地质问题、南沙次不稳定区软土地基问题。

2.3 广州市基岩地质图

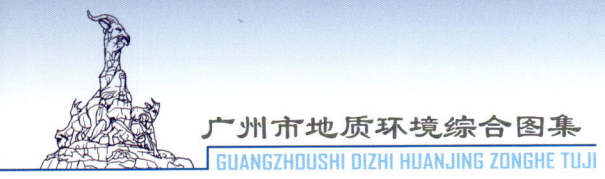

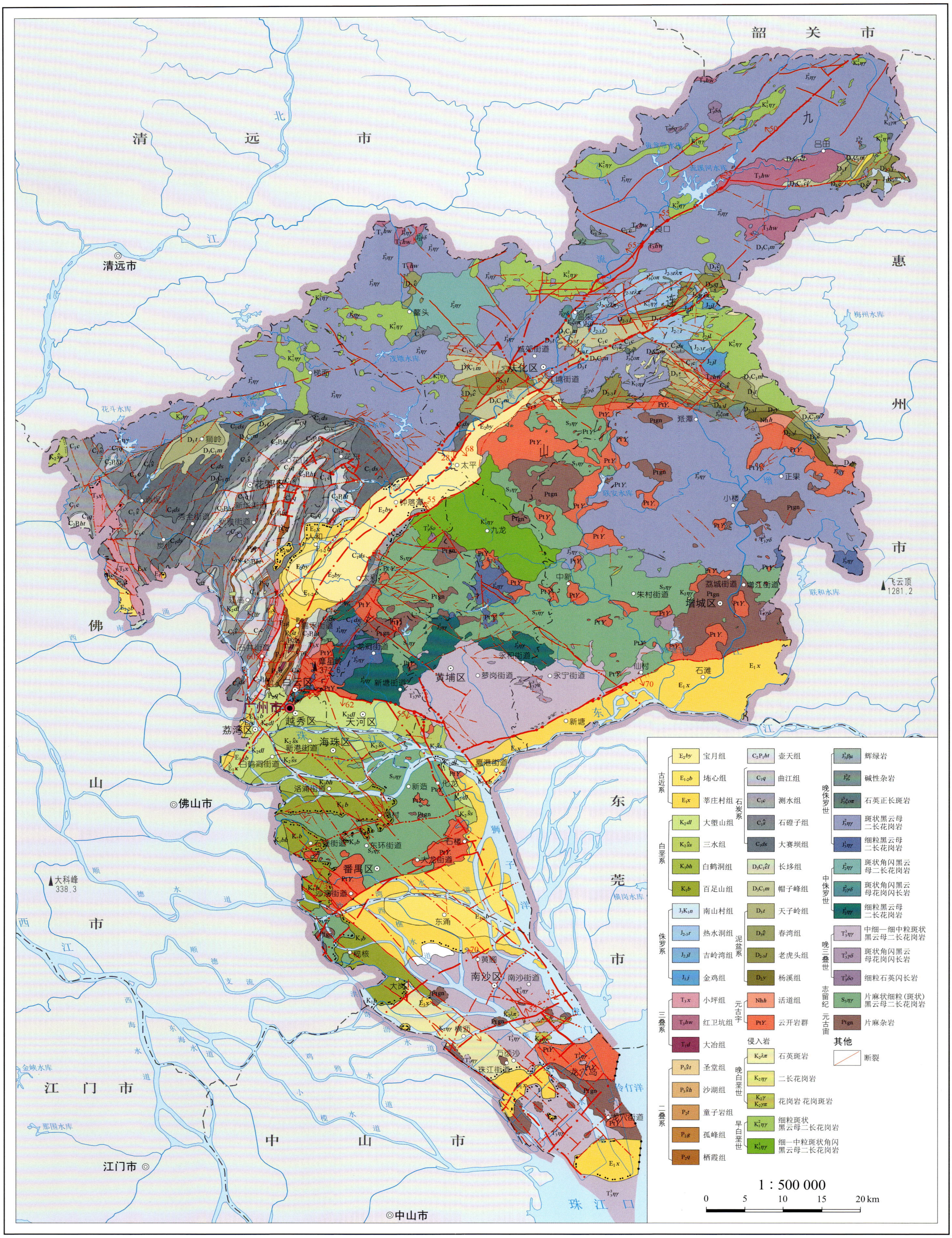

2.3.1 资料来源

资料来源于广东省地质调查院2010年完成的广州城市地质调查的工作成果，图件由广州市地质调查院编制。

2.3.2 图件说明

广州市在构造单元上属华南褶皱系粤北、粤东北-粤中坳陷带的粤中坳陷区。市内大面积分布花岗岩类岩石，西南部为沉积地层，南部为三角洲沉积及花岗岩类台地。区内地层、侵入岩发育，地质构造复杂。

2.3.2.1 地层

广州市范围内地层发育较好，从元古宇至第四系均有出露，见表1，总面积约4 579.2km^2，占全区的62.3%。

表 1　广州市前第四纪地层划分表

地质年代：代/宙	纪	世	岩石地层单位	特征描述
新生代	古近纪	始新世	华涌组 E_2h	砂砾岩、含砾砂岩、砂岩、粉砂岩、泥岩及火山碎屑岩、玄武岩，夹流纹岩、粗面岩，含介形虫。厚 255.9 ～ 1 101.1m
			宝月组 E_2by	钙质泥岩、粉砂岩、砂岩与砂砾岩、含砾砂岩互层，含介形虫。厚 136 ～ 1139m
		始新世—古新世	㘵心组 $E_{1-2}b$	钙质泥岩、泥灰岩、粉砂岩、砂岩互层，夹含砾砂岩、岩盐，含哺乳类，夹劣质油页岩、含膏钙质泥岩。厚 105.3 ～ 938.8m
		古新世	莘庄村组 E_1x	砾岩、砂砾岩、含砾砂岩及泥岩、粉砂岩，夹泥灰岩和石膏层，含鱼类。厚 42.5 ～ 535.5m
中生代	白垩纪	晚白垩世	大塱山组 K_2dl	砂砾岩、含砾砂岩、砂岩与粉砂岩、粉砂质泥岩互层，含介形虫。厚 69.3 ～ 517.1m
			三水组 $K_2\hat{s}s$	砾岩、砂砾岩、砂岩及粉砂岩、粉砂质泥岩，含脊椎动物化石，夹钙质泥岩、泥灰岩。厚 82.5 ～ 680.3m
			白鹤洞组 K_1bh	粉砂岩、粉砂质泥岩互层，含叶肢介，夹一砂岩、泥灰岩、灰岩和石膏薄层。厚 214.8 ～ 970.8m
		早白垩世	百足山组 K_1b	砾岩、砂砾岩，夹凝灰质砂砾岩、砂岩和少量凝灰岩，含叶肢介。厚 769.5 ～ 1 270m
	侏罗纪	晚侏罗世	热水洞组 J_3r	流纹岩、流纹质凝灰熔岩、流纹质熔结凝灰岩、角砾凝灰岩。厚 578 ～ 589m
		中侏罗世	吉岭湾组 J_2jl	安山岩和凝灰岩，底部为沉角砾集块岩、沉凝灰岩、粉砂岩、粉砂质页岩，含植物。厚 362.1 ～ 1067.1m
		早侏罗世	金鸡组 J_1j	石英砂岩、粉砂岩、粉砂质泥岩互层，底部为砾岩，夹少量砂砾岩、砂岩，含菊石。厚 42.1 ～ 458.6m
	三叠纪	晚三叠世	小坪组 T_3x / 红卫坑组 T_3hw	小坪组：含砾砂岩、砂岩、粉砂岩、泥岩，夹砾岩、砂砾岩和煤层，含植物。厚 112 ～ 1 342.6m；红卫坑组：石英砂岩、黑色页岩互层，夹少量含砾砂岩、粗粒砂岩、碳质页岩，含植物。厚 882.7 ～ 961m
		早三叠世	大冶组 T_1d	灰岩、泥灰岩及粉砂岩、泥岩，含双壳类。厚大于 163.1m
晚古生代	二叠纪	晚二叠世	圣堂组 $P_3\hat{s}t$	含深红色铁质小结核的粉砂岩、粉砂质页岩与细砂岩、长石石英砂岩互层，夹碳质页岩，含植物化石。厚大于 248.8m
			沙湖组 $P_3\hat{s}h$	砂岩与粉砂岩、粉砂质页岩互层，底为长石石英粗砂岩或凝灰岩，局部夹碳质页岩及煤层，含腕足类和植物化石。厚约 188.5m
		中二叠世	童子岩组 P_2t	下部砂岩、粉砂岩、粉砂质页岩互层，含植物化石；上部长石石英砂岩、粉砂岩、泥岩，含腕足类、双壳类、珊瑚等。厚约 290.3m
			孤峰组 P_2g	砂岩，常含菱铁质、磷硅质结核，底部常为硅质岩，含菊石及腕足类等，夹细砂岩、泥岩及一层泥灰岩。厚约 203.7m
			栖霞组 P_2q	灰色、灰黑色灰岩，常含燧石结核，夹碳质页岩，含䗴类及腕足类等。厚 145.5 ～ 222m
	二叠纪—石炭纪	早二叠世—晚石炭世	壶天组 C_2P_1ht	灰岩，下部常含白云质，与含燧石结核灰岩互层，局部夹细砂岩、砂质页岩，中部夹角砾状灰岩。厚大于 173m
	石炭纪	早石炭世	曲江组 C_1q	硅质岩、细砂岩、粉砂岩、页岩，夹薄层灰岩，含菊石、珊瑚及腕足类等。厚约 47m

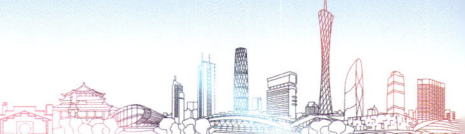

续表1

地质年代：代/宙	纪	世	岩石地层单位	特征描述
晚古生代	石炭纪	早石炭世	测水组 C_1c	砂质页岩、砂岩互层，夹砂砾岩、含砾砂岩、铁质砂岩、碳质页岩及煤层，局部夹灰岩透镜体，含植物化石及腕足类等。厚 145.4 ～ 237m
			石磴子组 C_1s	灰岩，下部常与白云质灰岩互层；上部常夹砂岩、页岩薄层，含珊瑚、腕足类。厚 48 ～ 277m
			大赛坝组 C_1ds	粉砂岩、泥质粉砂岩，夹细砂岩、页岩，含植物化石、珊瑚。厚大于 409.1m
	泥盆纪—石炭纪	晚泥盆世—早石炭世	长垑组 $D_3C_1\hat{c}l$ / 帽子峰组 D_3C_1m	长垑组：灰岩、泥质灰岩、钙质页岩，夹粉砂岩、页岩，含珊瑚、腕足类。厚 110 ～ 181m；帽子峰组：粉砂岩与页岩、细砂岩互层，夹含砾砂岩、含铁质砂岩，含腕足类、植物及鱼化石等。厚大于 847.1m
	泥盆纪	晚泥盆世	天子岭组 D_3t	灰岩，顶底常含砂质泥岩，局部含碳质泥岩，含腕足类。厚 23 ～ 513.3m
		中泥盆世	春湾组 D_3c	粉砂岩、泥质粉砂岩，夹细砂岩、页岩，含双壳类、鱼类等。厚大于 261m
			老虎头组 $D_{2-3}l$	石英砂岩与杂砂岩互层，夹粉砂岩、板状页岩，含细砾砂岩。厚约 357m
			杨溪组 D_2y	下部复成分砾岩、砂砾岩、含砾砂岩夹砂岩；上部含砾砂岩、砂岩，夹砂砾岩、砂质页岩。厚 120 ～ 558.5m
元古宙	南华纪		活道组 Nhh	下部变质砂岩、石英岩，夹含砾砂岩；中部变质细砂岩及粉砂岩；上部变质细砂岩、凝灰岩或灰岩、钙质砂岩夹一层碳质页岩。厚大于 123m
			云开岩群 PtY.	变质含砾粗粒石英砂岩、石英岩、片岩等。厚度不清

2.3.2.2 侵入岩

区内侵入岩十分发育，出露面积2 767km^2，占区内总面积的37.6%，时代包括晚志留世、晚三叠世、侏罗纪及白垩纪，以侏罗纪侵入岩最为发育。侵入岩岩石类型从基性-中性-酸性以及碱性均有，以酸性侵入岩为主；侵入岩岩性有辉绿岩、石英正长斑岩、霞石角闪正长岩、石英闪长岩、二长花岗岩、花岗岩等，以二长花岗岩为主（表2）。

表 2　侵入岩划分表

年代：纪	年代：世	代号	主要岩性
白垩纪	晚白垩世	$K_2\lambda\pi$	石英斑岩
		$K_2\gamma\pi$	花岗斑岩
		$K_2\eta\gamma$	二长花岗岩
	早白垩世	$K_1^2\eta\gamma$	细粒斑状黑云母二长花岗岩
		$K_1^1\eta\gamma$	细－中粒斑状角闪黑云母二长花岗岩
侏罗纪	晚侏罗世	$J_3^3\beta\mu$	辉绿岩
		$J_3^3\xi$	碱性杂岩
		$J_3^3\xi o\pi$	石英正长斑岩
		$J_3^2\eta\gamma$	斑状黑云母二长花岗岩
		$J_3^1\eta\gamma$	细粒黑云母二长花岗岩
侏罗纪	中侏罗世	$J_2^2\eta\gamma$	斑状角闪黑云母二长花岗岩
		$J_2^2\gamma\delta$	斑状角闪黑云母花岗闪长岩
		$J_2^1\eta\gamma$	细粒黑云母二长花岗岩
三叠纪	晚三叠世	$T_3^3\gamma$	（钾长）花岗岩
		$T_3^3\gamma\delta$	斑状角闪黑云母花岗闪长岩
		$T_3^3\delta o$	细粒石英闪长岩
志留纪	晚志留世	$S_3\eta\gamma$	片麻状细粒（斑状）黑云母二长花岗岩

2.3.3 建议

（1）在广州市开展更高精度的基础地质调查工作。

（2）在灰岩分布区进行工程建设时，重点预防岩溶塌陷地质灾害。

（3）在花岗岩分布区，重点预防球状风化引起的岩土层强度突变对工程建设造成的危害

2.4 广州市水文地质图

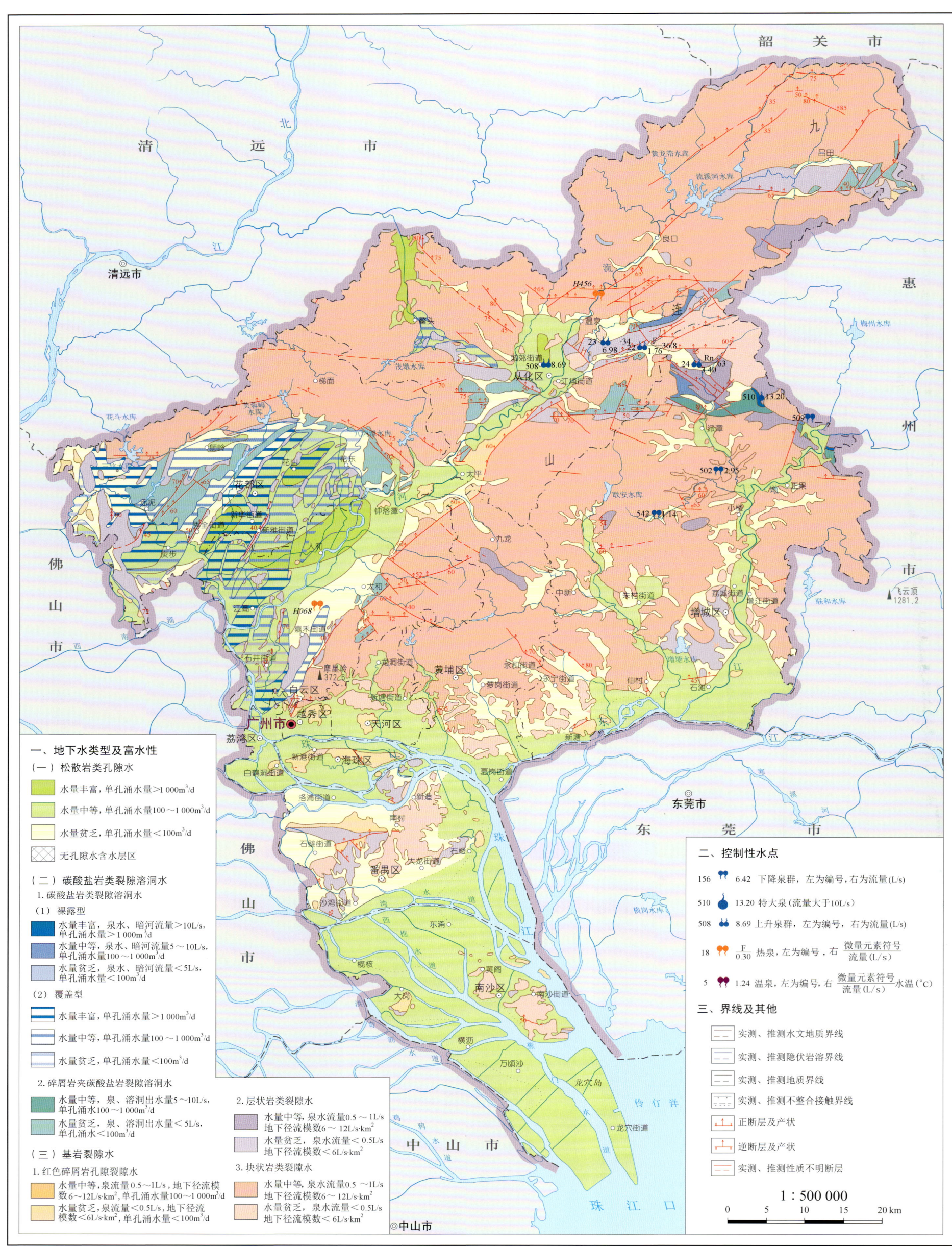

2.4.1 资料来源

资料来源于广东省地质局水文地质工程地质一大队、二大队完成的1:20万区域水文地质普查，广东省地质调查院完成的珠江三角洲经济区1:25万生态环境地质调查及广东省地质调查院承担实施的珠江三角洲经济区城市群地质环境综合调查等成果。图件由中国地质调查局武汉地质调查中心编制。

2.4.2 图件说明

2.4.2.1 地下水的类型及其富水性

地下水分布受沉积环境、构造、地貌的控制，岩性是地下水赋存条件的基础，构造是主导因素，地貌、水文、气象和植被是条件，决定了地下水的补径排条件和动态变化。

根据地下水含水层性质、赋存条件、水力特征及水理性质，将广州市地下水划分为三大类型：松散岩类孔隙水、碳酸盐类岩溶水和基岩裂隙水。根据含水层成因，将松散岩类孔隙水分为三角洲相沉积层孔隙水和冲洪积相沉积层孔隙水；将基岩裂隙水分为块状岩类裂隙水、层状岩类裂隙水和红层裂隙水。

2.4.2.2 地下水水文地质特征

1）松散岩类孔隙水

三角洲相孔隙水主要分布于珠江两岸，水位埋深一般小于1.5m，含水层以中细砂为主，局部为粗砾砂，水化学类型复杂。

冲洪积相孔隙水主要分布在流溪河冲积平原与扬基涌、洗村涌、车陂河、乌涌两岸的沟谷地带，含水层以中粗砂为主，次有砾砂，层厚2~8m，呈南北向带状分布，埋藏深度一般在3m左右。地下水化学类型主要为$HCO_3·Cl-Na·Ca$型。

冲洪积层孔隙水除接受降水补给外，还受北部丘陵区花岗岩、变质岩裂隙水的侧向补给，矿化度低、水质良好。流溪河沿岸和广花冲击平原地区，地下水相对丰富。

2）碳酸盐类岩溶水

碳酸盐类岩溶水主要分布于由广花复式向斜组成的广花冲积平原南部，被第四系覆盖，向南逐步收敛，过渡为埋藏型。第四系厚度8~28m，埋藏型上覆第四系和红层厚600~940m，分布在王圣堂至西村、流花公园。

因岩性、构造、地貌和补给条件的不同，岩溶发育程度各不相同，富水性差异较大。鸦岗、江夏、肖岗—三元里一带岩溶水丰富，单孔涌水量大于$1000m^3/d$。水化学类型主要为HCO_3-Ca型、$HCO_3-Ca·Mg$型。

3）基岩裂隙水

红层裂隙水。三角洲平原区古近纪和白垩纪（K—E）紫红色砂岩、砾岩和泥岩等，赋存红层裂隙水。一般钻孔涌水量小于$100m^3/d$，地下水径流模数小于$6L/s·km^2$，水量贫乏。在张性、张扭性断裂或两组断裂交会处附近，如横枝岗—渔民新村一带，砂岩、砂砾岩裂隙发育，钻孔涌水量在$100~1000m^3/d$，富水性中等。地下水化学类型主要为HCO_3-Ca型、$HCO_3-Ca·Na$型。

层状岩类裂隙水。在广花盆地内及边缘，三叠纪、二叠纪、石炭纪和泥盆纪砂岩、页岩、泥岩互层夹煤呈彼此分隔之条带状分布，含层状岩类裂隙水。富水性普遍贫乏，个别地区中等。地下水化学类型主要为HCO_3-Ca型、$SO_4-Na·Ca$型。

块状岩裂隙水。该类型地下水在区内分布最广。早古生代条痕状混合岩、燕山期黑云母花岗岩体节理裂隙发育，第四纪残积土层较薄，地表植被茂盛，储存较丰富的块状岩裂隙水，钻孔涌水量在$100~1000m^3/d$，富水性中等。地下水类型主要为HCO_3-Ca型、$Cl·HCO_3-Ca·Na$型。在仓头至长洲以南的低丘垄岗地貌区，第四纪残积土层厚，花岗岩裂隙和地表植被不发育，富水性贫乏。

2.4.3 建议

块状岩类构造裂隙水和岩溶水水质好，水量较大，是良好的潜在供水水源，应加强统一管理和保护，避免岩溶水过度开采而诱发新的地质灾害。孔隙水埋藏浅，易受环境污染，区域性供水意义不大。

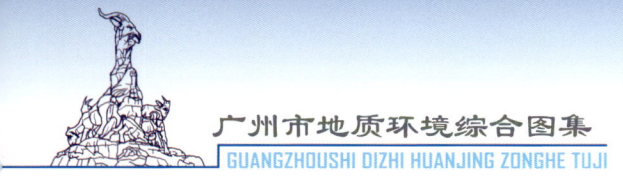

2.5 广州市工程地质分区图

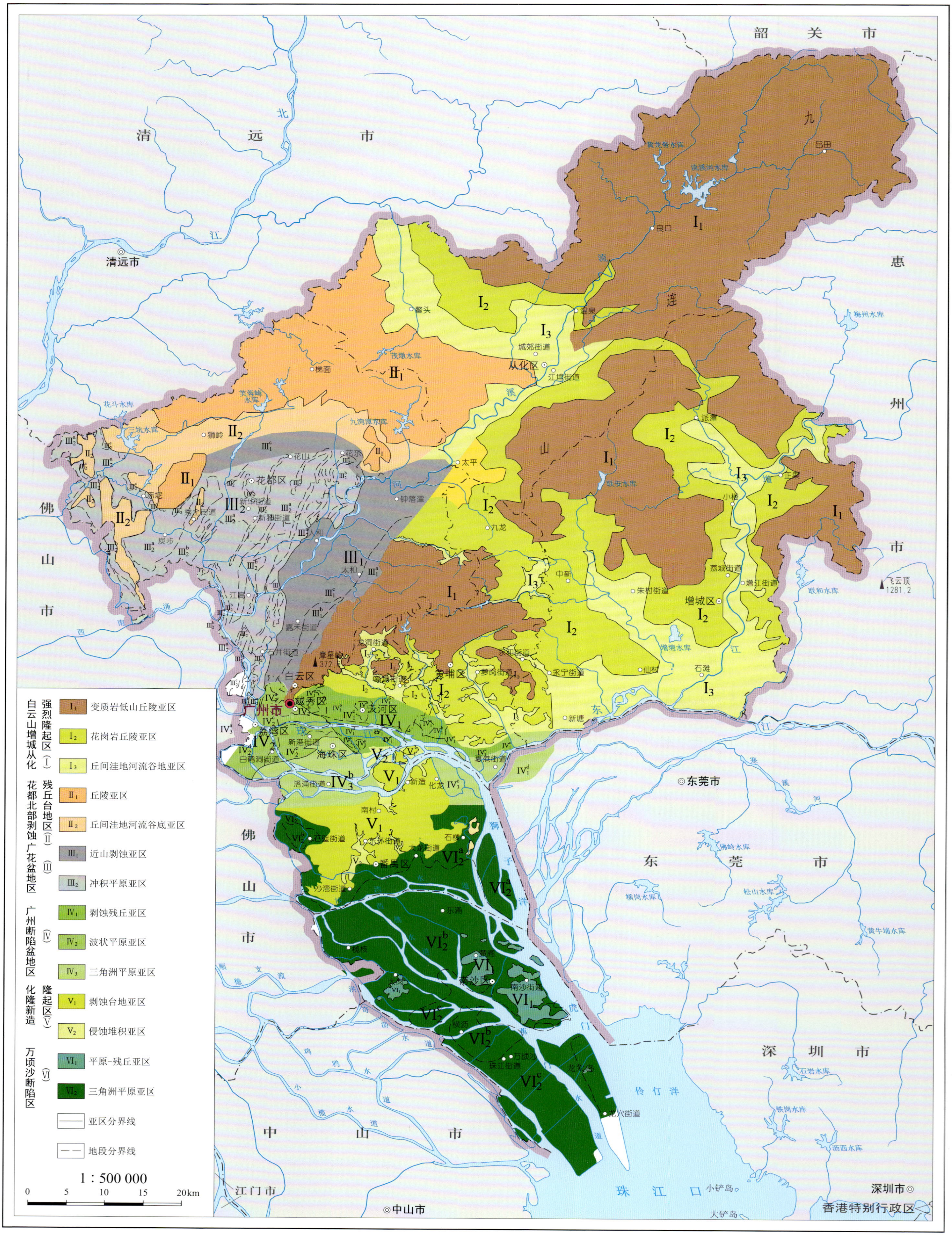

2.5.1 资料来源

通过多方收集广州地形地貌、工程与水文地质、区域构造、岩溶等不良地质作用及广州城市勘测信息系统地质钻孔数据等资料和前人研究成果，编制广州市工程地质分区图。图件由广州市城市规划勘测设计研究院编制。

2.5.2 图件说明

广州构造格局受广从、瘦狗岭、广三、田螺湖、狮子洋等区域性断裂控制，各单元呈现不同的工程地质特征。该图根据区域构造单元特征、地形地貌及其反映的地质环境、基岩和覆盖层特征及其对工程建设的影响程度等进行广州市工程地质分区，共划分为6个区、14个亚区、28个地段，各区特征简述如下（图1）：

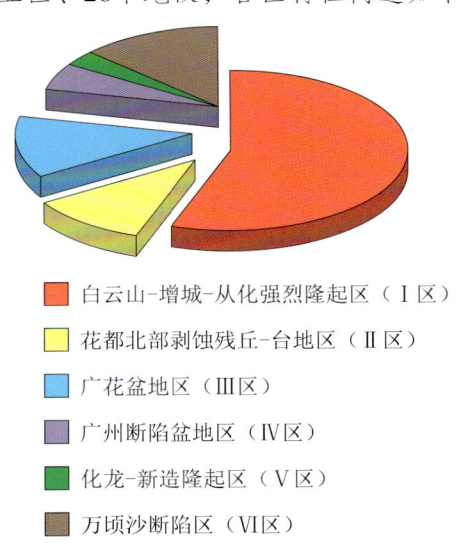

图 1　各工程地质区面积比例

白云山-增城-从化强烈隆起区（Ⅰ区）：低山丘陵地貌单元，地形起伏大。第四系厚度3～50m，基岩为元古宙变质岩和加里东期、燕山期岩浆岩。该区位于广州东部和北部，面积约4 125km^2，可分为变质岩低山丘陵亚区（$Ⅰ_1$）、花岗岩丘陵亚区（$Ⅰ_2$）、丘间洼地河流谷地亚区（$Ⅰ_3$）。

花都北部剥蚀残丘-台地区（Ⅱ区）：剥蚀残丘-台地地貌单元，地形起伏较大。第四系厚度8～40m，基岩主要为元古宙变质岩和燕山期岩浆岩。该区位于广州西北广花盆地北部，面积约807km^2，可分为剥蚀残丘亚区（$Ⅱ_1$）、近山剥蚀-堆积台地亚区（$Ⅱ_2$）。

广花盆地区（Ⅲ区）：溶蚀洼地-剥蚀残丘地貌单元，地形受复向斜构造影响，总体平缓，局部残丘呈垄状起伏。第四系厚10～30m，基岩主要为中生代石炭纪、二叠纪、三叠纪、古近纪页岩、泥岩、砂岩和灰岩，岩溶呈条带状分布。该区位于广州西北广花盆地南部，面积约925km^2，可分为近山剥蚀亚区（$Ⅲ_1$）、冲积平原亚区（$Ⅲ_2$），并可细分为石灰岩溶蚀洼地地段、碎屑岩剥蚀垄岗地段、含煤碎屑岩台地地段。

广州断陷盆地区（Ⅳ区）：冲积平原地貌单元，局部为台地-剥蚀残丘，地形较平坦。第四系厚度一般小于20m，南部软土厚度较大，基岩主要为中生代白垩纪红色碎屑岩，局部为燕山期、喜马拉雅期岩浆岩或元古宙变质岩。主要位于广州中心城区珠江河两岸及其泛滥沉积区，面积约399km^2，可分为剥蚀残丘亚区（$Ⅳ_1$）、波状平原亚区（$Ⅳ_2$）、三角洲平原亚区（$Ⅳ_3$），并可细分为大厚度风化带残丘（缓丘）地段、丘间洼地地段、浅风化残丘地段、剥蚀堆积地段、人工改造浅覆盖地段、深覆盖地段等。

化龙-新造隆起区（Ⅴ区）：剥蚀残丘地貌单元，地形起伏较大，第四系厚度小于20m，基岩主要为元古宙变质岩和不规律出现的燕山期岩浆岩。位于番禺区中部，面积约227km^2。

万顷沙断陷区（Ⅵ区）：三角洲平原地貌单元，仅局部为剥蚀残丘。大部分地段地形平坦，第四系厚度一般为30～55m，软土极为发育。基岩埋藏深，主要为新生代古近纪、中生代白垩纪红色碎屑岩和燕山期岩浆岩、元古宙变质岩。该区位于南沙区，面积约951km^2，可分为平原-残丘亚区（$Ⅵ_1$）、三角洲平原亚区（$Ⅵ_2$），$Ⅵ_2$亚区可按软土厚度细分较厚层、厚层、巨厚层松软土地段。

2.5.3 建议

现代工程技术发展至今，广州已基本不存在无法进行工程建设的地区，但部分地段工程地质条件十分复杂，施工难度大，建设成本高，投资效率差，甚至个别地段可呈负值。广州市工程建设应针对各个地段地质特点，因地制宜，科学规划，合理规避不良地质作用发育的地段，采取适当的工程措施，安全、经济地进行工程建设，确保广州市城市科学、可持续地高速发展。

广州市工程地质Ⅰ区、Ⅱ区、Ⅴ区的工程建设需考虑地形高差及滑坡崩塌地质灾害问题，设计施工应注意防止残积土浸水变软；对Ⅲ区须重视隐伏岩溶不良地质作用和地面塌陷、矿区地面沉降等地质灾害，治理成本较高；Ⅳ区具有优良的地基条件但局部存在较厚软土地基，应注意基坑支护和防止地面沉降地质灾害；对Ⅵ区大部分地段存在巨厚层软土，为软土地基地面沉降地灾高易发区，工程建设需考虑地基处理成本。对溶蚀洼地地段（$Ⅲ_2^b$）及巨厚层松软土地段（$Ⅵ_2^c$）须慎重进行地下空间开发。

3 地质资源

3.1 广州市应急水源地地下水资源潜力分布图

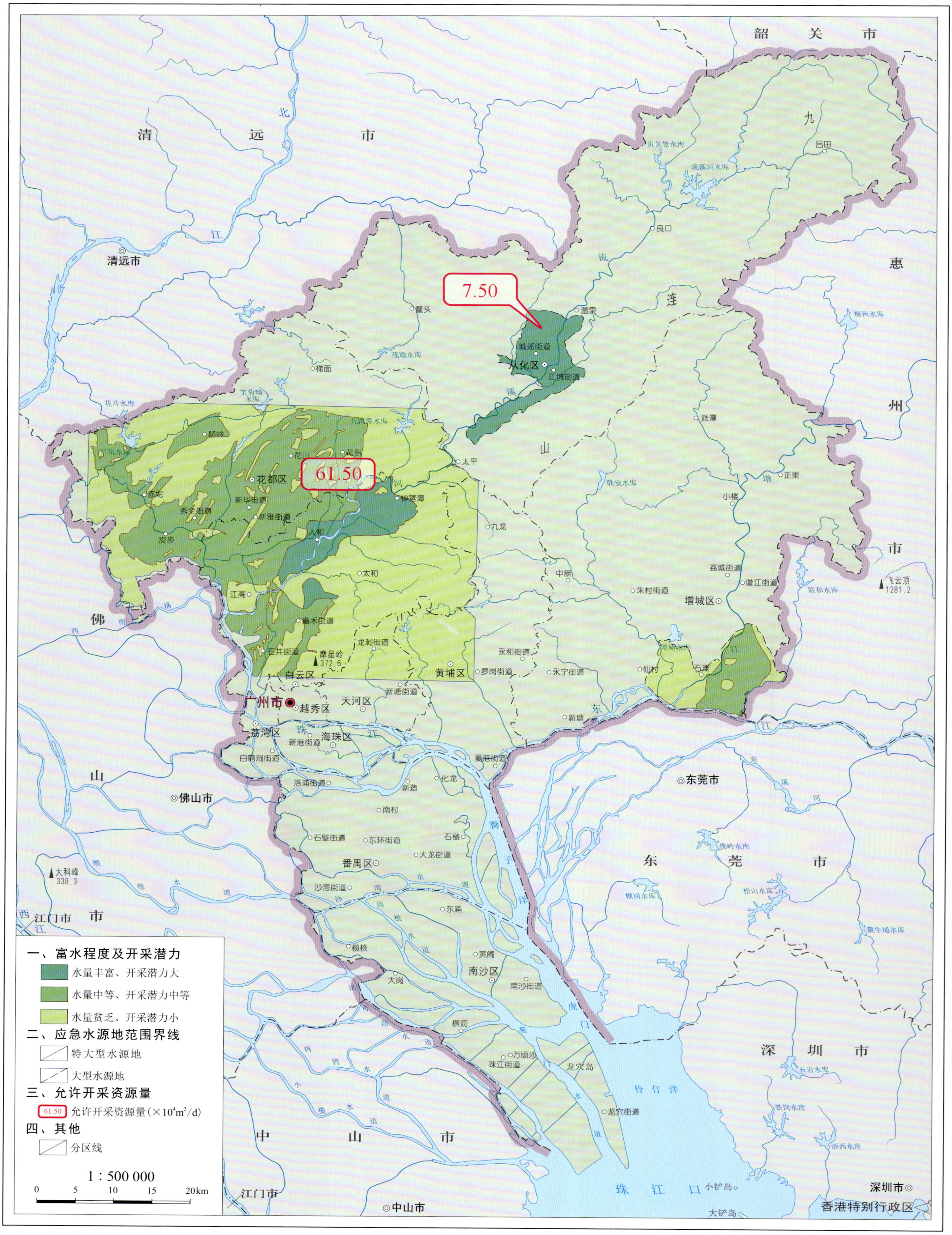

3.1.1 资料来源

资料来源于珠江三角洲经济区1∶25万生态环境地质调查成果、珠江三角洲经济区应急水源地地下水资源勘查评价成果及1∶20万区域水文地质普查成果等。图件由中国地质调查局武汉地质调查中心编制。

3.1.2 图件说明

3.1.2.1 编图背景及目的

广州市城乡供水绝大部分利用地表水,地下水开发利用程度处于较低水平。对于缺乏第二水源和全部利用地表水的广州市来说,一旦发生有毒有害化学物品泄漏等突发性事故,或遭遇恐怖活动、化学战争等造成江河水体污染,城市供水安全和生产生活用水将遭受严重的威胁。

本图件编制的目的是为政府规划城市建设和开展应急地下水水源地勘查评价、建设提供参考依据和技术指引,意义重大。

3.1.2.2 应急地下水水源地资源概况

广州市应急地下水水源地主要分布于河流冲积平原和隐伏岩溶盆(谷)地中,总体构成1处特大型、2处大型规模,具有一定的集中供水前景、未来可作为附近城镇后备或应急供水的地下水水源地。初步估算,应急地下水水源地允许开采资源量($Q_允$)不小于$69×10^4m^3/d$,见表1。

3.1.2.3 应急地下水水源地规模

按水源地允许开采资源量的大小分为4种类型:允许开采资源量大于$15×10^4m^3/d$为特大型水源地,介于$(5\sim15)×10^4m^3/d$为大型水源地,介于$(1\sim5)×10^4m^3/d$为中型水源地,小于$1×10^4m^3/d$为小型水源地。广州市特大型水源地1处,位于广州市花都区;大型水源地2处,位于从化区和增城区。

3.1.2.4 应急水源地对经济区的补给作用

在应急状态下,按供水标准定额($0.105m^3/d·人$)计算,经济区地下水允许开采资源量可解决应急供水人口不少于657.14万人(表1),其潜在的社会经济效益巨大。

表1 广州市应急地下水水源地潜力汇总表

应急水源地（规模）	水源地面积（km^2）	允许开采资源量（$Q_允$）（$×10^4m^3/d$）	可解决应急供水人口（万人）
花都（特大型）	1 514.81	61.50	585.71
从化（大型）	96.46	7.50	71.43
增城（大型）	124.47	/	/
合计	1 735.74	69.00	657.14

注:增城区水源地与东莞市北东、惠州市西南水源地连成一片,为一处大型水源地。总体面积$577.51km^2$,允许开采资源量($Q_允$)为$69×10^4m^3/d$,可解决应急供水人口65.71万人。

3.1.3 建议

相关政府职能部门应高度重视,将应急地下水水源地研究工作纳入到相关规划中,加大勘查工作力度和研究精度,进一步查明资源量;规划建设有一定规模的应急供水备用井及配套完善应急供水配套设施;设立保护机制和管理机构,加强地下水资源的保护和管理,做到未雨绸缪,有的放矢。

3.2 广州市土地利用现状图

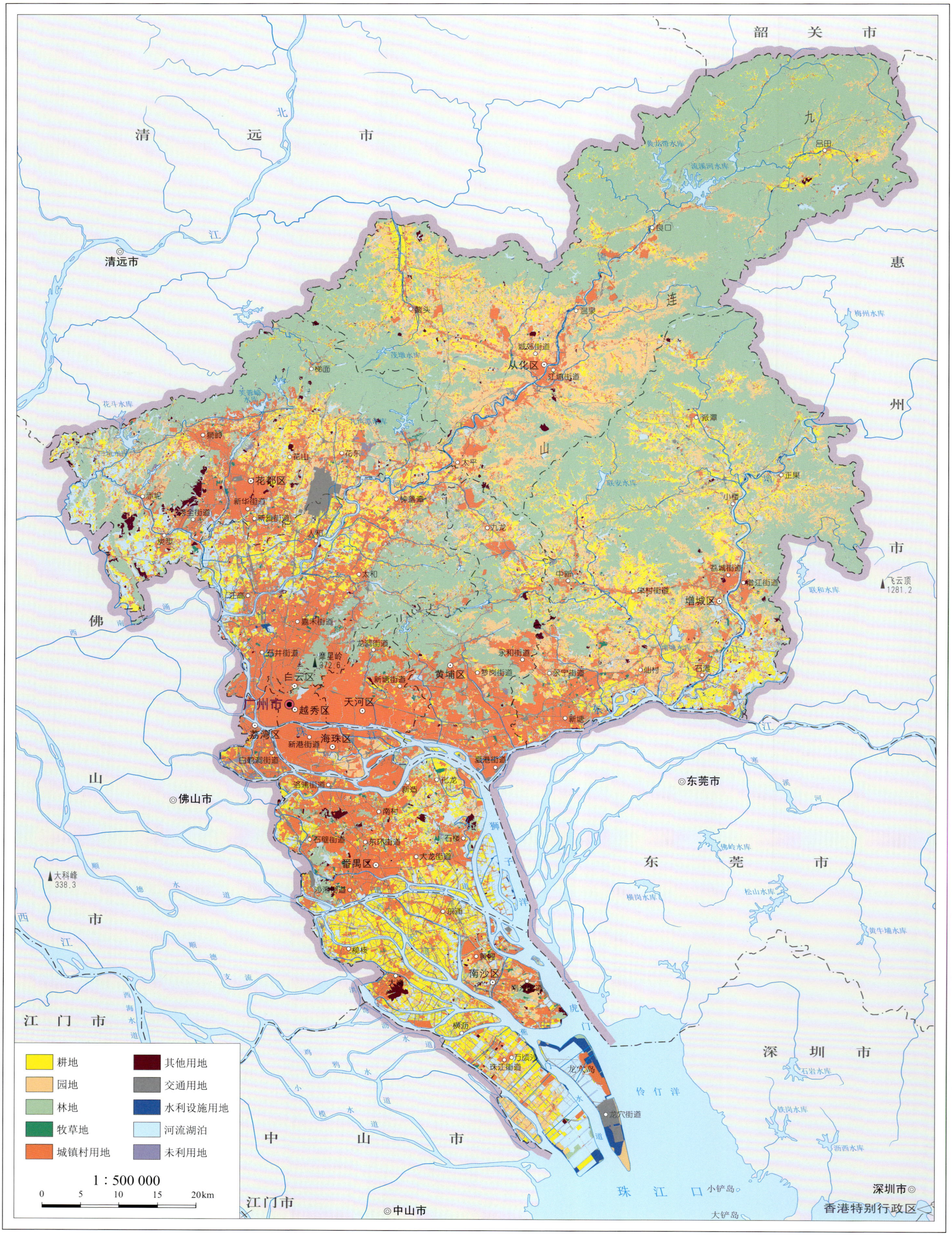

3.2.1 资料来源

资料来源于广东省国土资源技术中心"广东省2014年变更调查国家入库成果",图件由中国地质调查局武汉地质调查中心编制。

3.2.2 图件说明

按照广州市土地资源分类设色表示,共有耕地、园地、林地、牧草地、城镇村建设用地、其他用地、交通用地、水利设施用地、河流湖泊和未利用地10类。

3.2.2.1 各类土地资源分布

广州市土地资源面积约7 434km^2,依照其分类,林地所占比例最大,其次是城镇村建设用地,再次是园地(图1)。

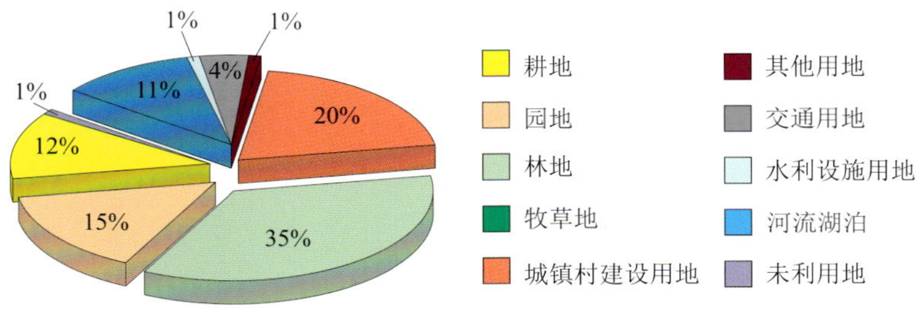

图1　广州市各种土地资源类型所占比例

3.2.2.2 广州市城镇村建设用地面积较大

广州市是广东省经济中心,城镇化进程较快,城镇村建设用地所占比例较大,用地面积排名前5位的是白云、番禺、花都、增城、南沙(图2)。

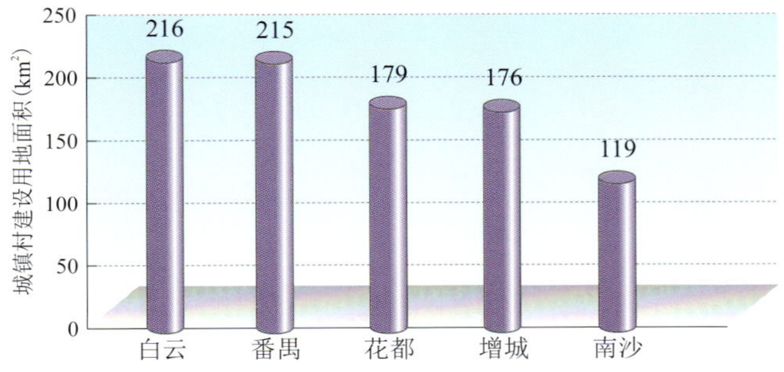

图2　广州市城镇村建设用地面积排名前5位的区域

3.2.2.3 广州市各区耕地分布

增城区耕地面积最大,南沙区耕地面积次之,有效保护有限耕地资源是广州市经济转型发展所面临的又一重大课题。

广州市耕地资源主要分布在城镇化进程较慢的增城、南沙、从化,城镇化进程较快发展的越秀、海珠、荔湾、天河、黄埔则耕地面积极少(图3)。

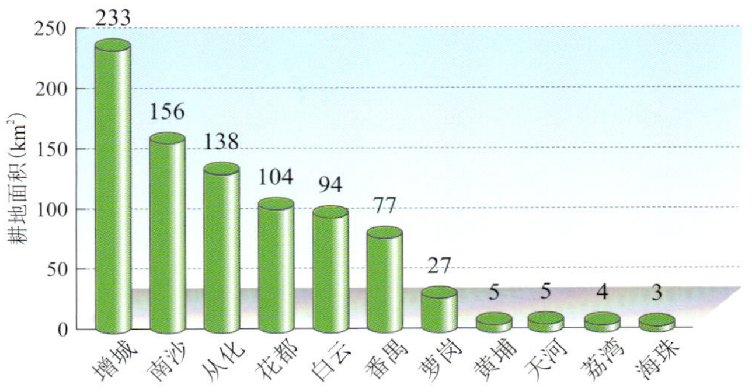

图3　广州市各区县耕地面积统计图

3.2.2.4 广州市林地分布

广州市林地主要分布于从化区,从化区林地资源较丰富,在广州市内排名第一,主要分布于温泉镇、良口镇、吕田镇和东明镇;荔湾、海珠、越秀受地形地貌、城镇建设、土地利用程度等因素影响,林地资源较少(图4)。

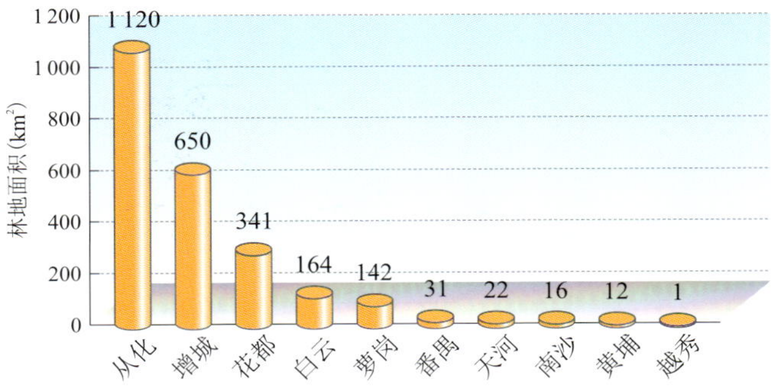

图4　广州市各区县林地面积统计图

3.2.2.5 广州市不宜或难以开发的土地资源分布

因宜人的气候条件以及特殊的地理位置,广州市不存在成片分布的沙漠、盐碱地,未利用的土地资源逐年减少,不宜或难以开发的土地资源主要是裸地、荒草地、沙地、田坎等,主要分布于白云区和花都区。

3.3 广州市优质、富硒耕地资源分布图

富硒优质耕地 优质耕地

1 : 500 000

3.3.1 资料来源

资料来源于《广东省珠江三角洲1:25万多目标地球化学调查》《广东省珠江三角洲经济区农业地质与生态地球化学调查》。囊括的内容有广州市耕地分布、富硒土壤资源分布、土壤有益元素分布、土壤环境质量状况、土壤有机污染状况、土壤重金属污染状况、地下水质量状况、地下水污染状况等。表示了广州市优质、富硒耕地分布状况。图件由中国地质调查局武汉地质调查中心编制。

3.3.2 图件说明

广州市耕地总面积128.4万亩（1亩＝666.7m²），主要分布在增城区、南沙区、从化区、花都区、白云区、番禺区，各区、县级市占比见表1。

表1 广州市各区、县级市优质耕地和富硒优质耕地统计表

区名	耕地（万亩）	优质耕地（万亩）	占耕地比（%）	富硒优质耕地（万亩）	占耕地比（%）
荔湾区	0.65	0.01	1.88	0.01	1.58
越秀区	0.00	0.00	42.57	0.00	36.32
海珠区	0.45	0.01	2.60	0.01	2.18
天河区	0.82	0.58	70.31	0.56	68.60
白云区	14.40	3.43	23.81	2.81	19.52
黄埔区	0.81	0.12	14.54	0.12	14.28
番禺区	11.56	2.55	22.09	1.73	15.01
花都区	15.72	7.52	47.84	7.43	47.25
南沙区	23.55	1.73	7.35	0.46	1.93
萝岗区	4.14	0.27	6.58	0.26	6.18
增城区	35.18	13.04	37.07	9.38	26.66
从化区	21.25	14.63	68.85	14.21	66.90
合计	128.52	43.89	34.15	36.98	28.77

3.3.2.1 优质耕地

优质耕地：区内同时满足土壤有益元素相对丰富或适量、土壤环境质量优良或中等、土壤无有机污染和重金属污染、地下水环境质量优良或中等、地下水未污染的耕地。广州市优质耕地43.89万亩，占保有耕地面积的34.15%。主要分布在从化区、增城区、花都区和白云区，各区、县级市占比见图1。

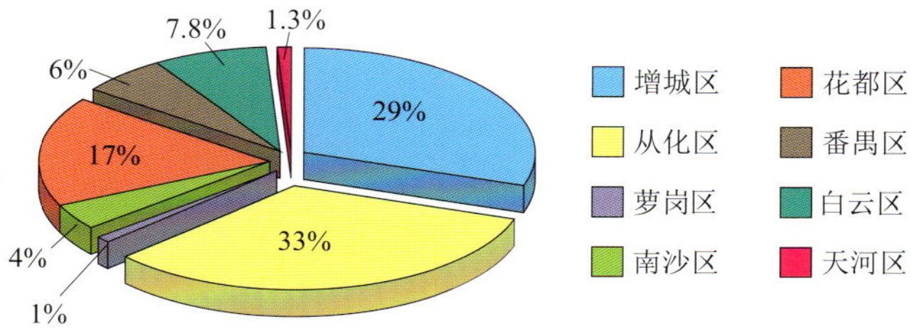

图1 优质耕地占全市优质耕地的比例

3.3.2.2 富硒优质耕地

富硒土壤：硒含量大于$0.40×10^{-6}$的土壤为富硒土壤；硒含量在$(0.175～0.40)×10^{-6}$之间的土壤为足硒土壤。

富硒优质耕地：区内硒含量丰富或足量的优质耕地。硒是人体不可或缺的微量元素，对人类健康具有重要影响，土壤中硒含量的高低决定了动植物和人体中硒的含量。

广州市富硒优质耕地36.98万亩，占保有耕地面积的28.77%，占优质耕地面积的84.24%。主要分布在从化区、增城区、花都区和白云区，各区、县级市占比见图2。

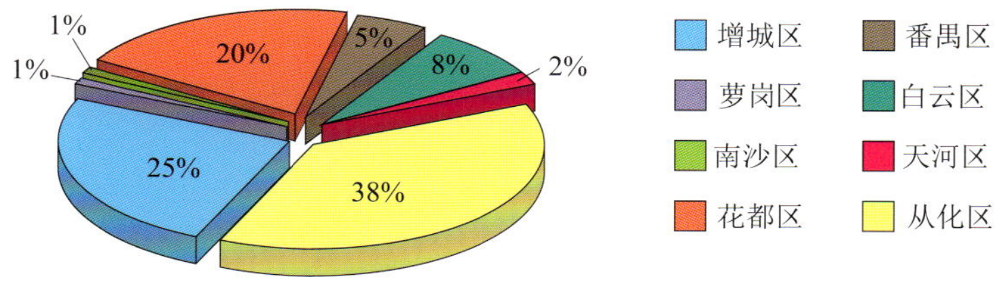

图2 富硒优质耕地占全市富硒优质耕地的比例

3.3.3 建议

广州市富硒优质耕地集中连片分布在以下区域：①从化区西北面（鳌头民乐城郊街道西面）；②增城区西南面（增塘水库东北面新塘东北面）；③增城区西面（朱村西面福和）；④花都区东北面（狮岭镇东面花山花东北兴）；⑤白云区北面花都区南面。富硒优质耕地是广州市建设现代化农业的珍贵资源，建议实施严格的"红线"管控，在上述5个集中连片区，打造以富硒为特色的绿色农业现代化产业基地。

3.4 广州市土壤有益元素分布图

图例：
- 土壤有益元素丰富区
- 土壤有益元素适量区
- 土壤有益元素缺乏区

1:500 000

3.4.1 资料来源

资料来源于《广东省珠江三角洲1∶25万多目标地球化学调查》《广东省珠江三角洲经济区农业地质与生态地球化学调查》，图件由中国地质调查局武汉地质调查中心完成。

3.4.2 图件说明

3.4.2.1 编图内容

土壤有益元素包括氮、磷、钾、钙、镁、硫、铁、铜、钒、硼、锌、钼、锰、碘、氯、硅、钠、钴、镍、铝、铁等。本图表示了广州市（包括白云区、从化区、番禺区、海珠区、花都区、黄埔区、荔湾区、萝岗区、南沙区、天河区、越秀区、增城区）土壤有益元素综合分区情况，并标示了广州市12个区土壤有益元素丰富区、适量区和缺乏区占当地的比例及其分布特征。

3.4.2.2 土壤有益元素分布

广州市土壤有益元素丰富区分布面积仅占14%，主体分布于南沙区、番禺区及花都区丘陵区；土壤有益元素适量区分布面积占58%，主要分布于天河区、海珠区、从化区；土壤有益元素缺乏区分布面积占28%，主要分布于增城区、萝岗区，见图1。

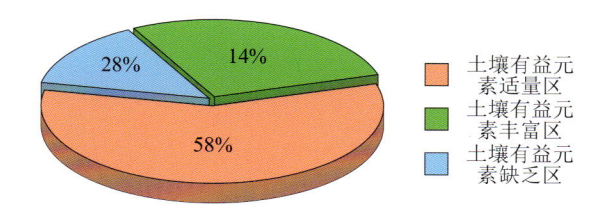

图1 广州市土壤有益元素丰富、适量与缺乏区面积占比

广州市各区中，南沙区土壤有益元素丰富区面积最大，番禺区、白云区次之；面积占比最大的为南沙区、番禺区、黄埔区次之。土壤有益元素适量区面积最大的为从化区，其次是花都区、增城区；面积占比最大的为天河区和越秀区，两者均为100%，海珠区、荔湾区次之。土壤有益元素缺乏面积最大的为增城区，从化区和萝岗区位列二、三位；面积占比最大的为萝岗区，增城区、白云区次之。各区土壤有益元素丰富区、适量区与缺乏面积及占比情况见图2和表1。

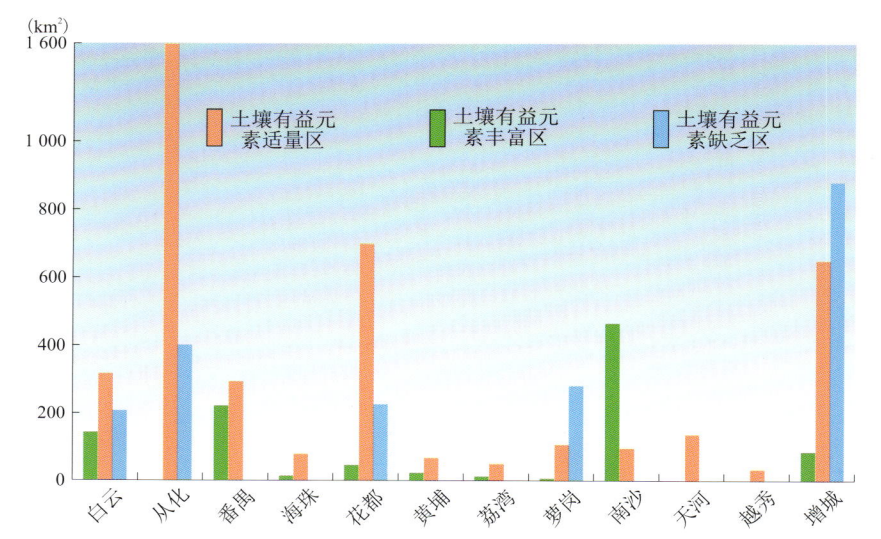

图2 广州市各区土壤有益元素丰富、适量与缺乏区面积的分布情况

表1 广州市各区县土壤有益元素分区情况

区名	土壤有益元素					
	丰富区 (km^2)	比例 (%)	适量区 (km^2)	比例 (%)	缺乏区 (km^2)	比例 (%)
白云	141.7	21.3	317.1	47.6	206.7	31.1
从化	0.0	0.0	1589.6	79.9	400.8	20.1
番禺	221.6	42.9	294.4	57.1	0.0	0.0
海珠	13.0	14.1	79.5	85.9	0.0	0.0
花都	45.2	4.6	700.5	72.1	226.1	23.3
黄埔	21.7	24.3	67.5	75.7	0.0	0.0
荔湾	12.5	19.9	50.4	80.1	0.0	0.0
萝岗	5.9	1.5	106.9	27.1	281.1	71.4
南沙	465.2	82.8	96.7	17.2	0.0	0.0
天河	0.0	0.0	136.8	100.0	0.0	0.0
越秀	0.0	0.0	33.7	100.0	0.0	0.0
增城	84.2	5.2	651.9	40.3	882.5	54.5

3.4.3 建议

加强用地结构优化，结合城镇、农业、林业用地合理规划，开展土壤有益元素丰富区与适量区耕地保护，充分利用有益元素丰富区与适量区土壤资源潜力。

3.5 广州市富硒土壤资源图

3 地质资源

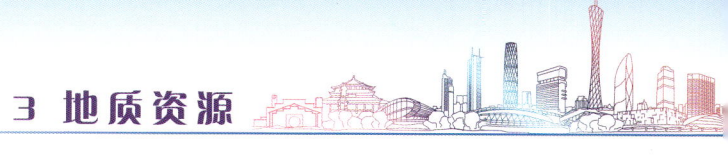

3.5.1 资料来源

资料来源于《广东省珠江三角洲1∶25万多目标地球化学调查》《广东省珠江三角洲经济区农业地质与生态地球化学调查》，图件由中国地质调查局武汉地质调查中心编制。

3.5.2 图件说明

3.5.2.1 编图内容

本图表示广州市土壤富硒土壤资源类型及分布，并标示了广州市12个区的优质富硒土壤（硒含量≥0.6×10⁻⁶）、一般富硒土壤［硒含量（0.4～0.6）×10⁻⁶］与非富硒土壤（硒含量＜0.4×10⁻⁶）占当地的比例及其分布特征（图1）。

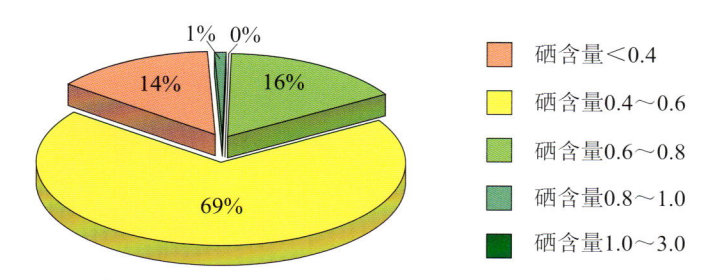

图1 广州市富硒土壤资源分布面积占全区总面积的比例

3.5.2.2 富硒土壤占比

硒是人体不可或缺的微量元素，土壤中硒含量的高低决定了动植物和人体中硒的含量，对人类健康具有重要影响。广州市富硒土壤6 067.69 km²，占全区总面积的85.7%，其中优质富硒土壤分布面积1 218.17 km²，占全区总面积的17.2%；一般富硒土壤分布面积4 849.5 km²，占全区总面积的68.5%。

3.5.2.3 各区富硒土壤分布情况

广州市优质富硒土壤资源分布，集中分布于西部、东北部的丘陵区。分布面积由大到小的顺序是从化、花都、增城、白云、海珠、番禺、荔湾、萝岗、黄埔、越秀、天河和南沙（图2、图3）。

经统计，从化区优质富硒土壤资源分布面积最大，达574.2 km²，南沙区优质富硒土壤资源为零。优质富硒土壤资源集中分布在北部的从化、花都等区的丘陵区和东部增城区内的丘陵区。

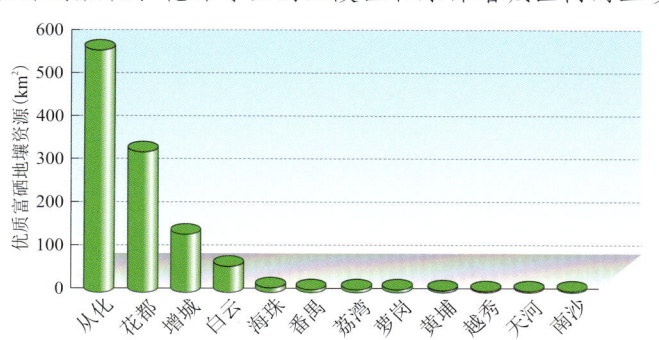

图2 广州市各区县优质富硒土壤资源的分布

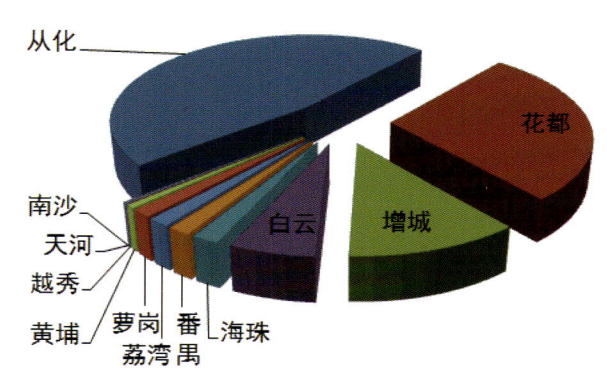

图3 广州市各区县优质富硒土壤资源分布面积所占比例

从化区内优质富硒土壤资源分布面积占本市总面积的比例最大，为47.1%，其次是花都区、增城区、白云区，相应比例分别为27.9%、11.8%和5%。

各区的优质富硒土壤资源极少，分布在已建城区。

3.5.3 建议

开展广州市内农业种植区富硒土壤资源专项调查，为富硒农产品产地规划、建设提供依据。

3.6 广州市矿产资源分布图

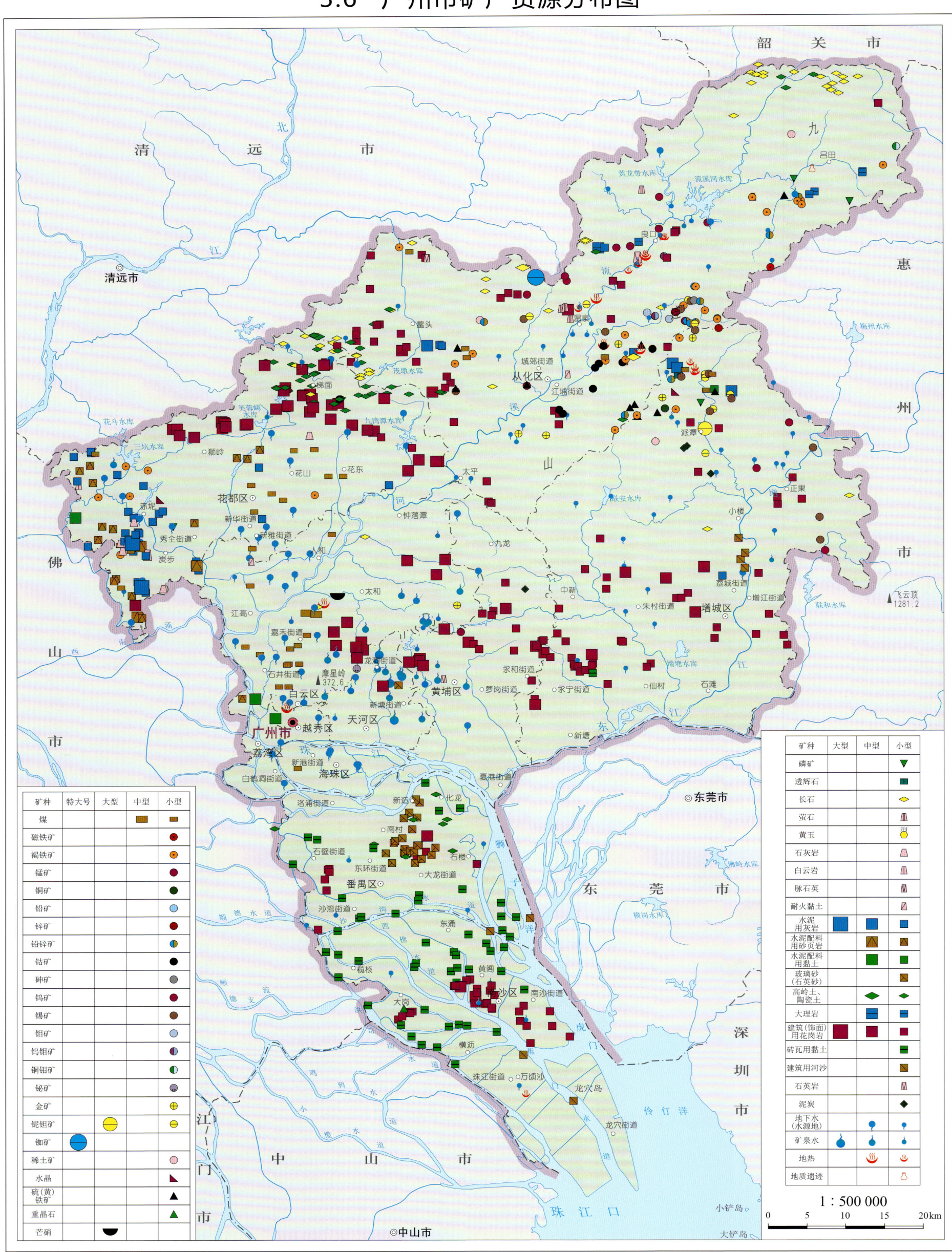

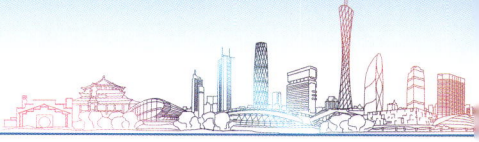

3.6.1 资料来源

资料来源于广州市国土资源和房屋管理局2013年发布的《广州市矿产资源总体规划（2008—2015）》，图件由广东省煤炭地质局编制。

3.6.2 图件说明

3.6.2.1 矿产资源类型及分布情况

广州市发现矿产47种，占全省已发现矿产149种的31.54%，矿产地820处，进行过不同精度的地质调查工作。主要矿产有建筑用花岗岩、水泥用灰岩、陶瓷土、钾长石、钠长石、盐矿、芒硝、霞石正长岩、萤石、大理岩、矿泉水和地下热水等。优势矿产有钽铌矿、霞石正长岩、熔剂灰岩等；霞石正长岩为目前广东省唯一的矿产地。能源矿产和有色金属矿产短矿缺，呈零星分布，规模较小，品位不稳定。全市矿产资源分布情况如下（表1）。

表1 广州市矿产资源类型及规模统计表

矿产类型 \ 规模	大型	中型	小型、矿点	合计
能源矿产		8	49	57
金属矿产	2		114	116
非金属矿产	4	83	403	490
水汽矿产	4	73	80	157
合计	10	164	646	820

（1）能源矿产：主要有煤炭和地下热水，已发现矿产地57处。煤炭集中分布在白云区黄石路—嘉禾和花都区中洞—华岭两地，分布面积约650km^2。地下热水有矿产地15处，主要集中在从化区温泉至良口地区和增城区高滩地区，温度为中低温型。

（2）金属矿产：全市已发现金属矿矿产地116处。其中铁矿已发现矿产地28处，主要分布在从化区东北部的天堂山山脉一带；钨、锡矿已发现矿产地37处，主要分布在从化、增城两区交界处，矿床类型主要为矽卡岩型，次之为含钨锡矿石英脉型，均为小型矿床；铌铁矿、钽铌铁矿已发现矿产地6处，主要分布在从化区和增城区两地，其中增城区派潭钽铌铁矿规模达大型；稀土矿已发现矿点3个，分布在从化区吕田镇、鳌头镇和增城区派潭镇，为离子吸附型稀土矿，矿体分散，规模小，品位低；铜钼矿已发现矿产地1处，分布在从化区吕田镇三羊坑。

（3）非金属矿产：全市已发现490处。建筑用花岗岩为本市优势矿种，主要分布在从化区、增城区；水泥用灰岩主要分布于花都区赤坭镇中洞岭—炭步镇乌茶布，炭步镇红峰—大墈，增城区北部派潭镇高滩、灵山，从化区鳌头、吕田镇等地；盐矿和芒硝已发现矿床1处，即白云区龙归硝盐矿；霞石正长岩已发现矿产地1处，位于从化区良口镇与佛冈县交界处；陶瓷土已发现矿产地56处，长石类（钠长石、钾长石）矿产地49处，主要分布在从化区鳌头镇洲洞—山心—花都区梯面镇一带、吕田镇东明鸡公山及番禺。

（4）水汽矿产：全市水汽资源包括矿泉水和地下水，已发现矿产地157处，其中已勘探的矿泉水60处，主要分布在白云区、天河区、萝岗区、番禺区以及从化区，属偏硅酸矿泉水，水质优良，其中萝岗区八斗村和白云区太和镇头陂村矿泉水储量较大。

3.6.2.2 矿产资源开发利用现状和资源需求形势

目前，广州市尚在开发利用的矿产资源主要有建筑用花岗岩、水泥用灰岩、水泥配料用砂页岩、盐矿和芒硝、地下热水和矿泉水；金属矿山和煤矿已于20世纪90年代全部停产或关闭；陶瓷土和长石矿也于2005年底全面停止开采。随着广州市城市建设和经济发展，对矿产资源的需求将不断增长，急需的矿产资源主要是铁、铝、铜、铅、锌、煤、石油、天然气、萤石、水泥用灰岩、芒硝、盐矿、耐火黏土、冶金用熔剂白云岩、水泥配料用砂页岩、地下热水、矿泉水、建筑用花岗岩等。

3.6.3 建议

加强广州市矿产资源的开发利用规划，对优势矿种和急需矿种开展资源调查评价，加大勘查力度，做好重点保护和资源储备；同时需要加强现有矿山地质环境的保护，促进矿业开发与社会效益、环境效益、经济效益的可持续发展。

3.7 广州市地热资源分布图

3.7.1 资料来源

资料来源于广东省地质局第四地质大队广东省地热资源现状调查评价与区划成果，图件由广东省煤炭地质局编制。

3.7.2 图件说明

3.7.2.1 地热资源类型

广州市地热资源类型按其热储特征划分为裂隙型带状热储和岩溶型层状热储；按其分布地貌结构特征及热传递主要方式划分为隆起山地型和岩溶盆地型；按其地热流体温度（T）分类标准划分为中温地热资源（$90℃≤T<150℃$）及低温地热资源（$25℃≤T<90℃$），广州市地热资源以低温地热资源为主，又可分为热水（$60℃≤T<90℃$）、温热水（$40℃≤T<60℃$）、温水（$25℃≤T<40℃$）。

3.7.2.2 地热资源分布

广州市地热资源主要分布在北部的白云区、花都区及从化区，其中裂隙型带状热储地热资源主要沿隆起山地呈带状分布，其与隆起山地型地热资源分布范围一致，大体上分布于花都—从化一带；岩溶型层状热储地热资源主要分布于白云区北部-花都区南部的隐伏岩溶盆地。

通常把相对独立出露的地热资源（温泉或地热井）确定为一地热田，目前广州市已发现地热流体温度（T）介于28.5～118.2℃之间的地热田16处（含裂隙型带状热储15处，岩溶型层状热储1处）（表1）。

表1 广州市已发现地热资源一览表

序号	名称	资源量（m³/d）
1	从化流溪河温泉带（3处）	>4 173
2	从化温泉地下热水	1 450
3	从化温泉地热田	136
4	从化鸡笼岗地热田	1 294
5	增城石马地下热水①	353.74
6	增城高滩地热田	470.1
7	增城石马地下热水②	294.62
8	增城高滩地下热水	203.04
9	广州龙归地热田	未获得数据
10	广州三元里地热田	未获得数据
11	南沙万顷沙地下热水	未获得数据
12	从化良口温泉带（3处）	223.2

3.7.2.3 地热资源储量

广州市已发现的地热资源量$26.94×10^{17}$J，地热资源可开采量$17.60×10^{16}$J；地热流体可开采量$135.42×10^5 m^3/a$，地热流体可开采热量$280.20×10^{13}$J/a，折合标准煤$159.35×10^3$t/a（表2）。

表2 广州市地热资源量一览表

热储类型及分布	裂隙型带状热储	岩溶型层状热储	合计
地热田（处）	17	1	18
资源量（$×10^{17}$J）	25.68	1.26	26.94
地热资源可开采量（$×10^{16}$J）	15.71	1.89	17.60
流体可开采量（$×10^5 m^3/a$）	124.29	11.13	135.42
流体可开采热量（$×10^{13}$J/a）	275.89	4.31	280.20
折合标准煤（$×10^3$t/a）	156.90	2.45	315.44

3.7.2.4 地热资源开发利用现状和潜力

地热资源是一种环保型和可再生的能源。经济区地热资源开发利用具有悠久的历史，从化温泉在唐宋时期就已闻名于世；改革开放以来，地热资源得到了进一步的开发，以温泉开发为龙头并带动旅游、度假、休闲、疗养、娱乐、房地产业及养殖业等蓬勃发展的"温泉经济"已逐渐成为区内经济增长的一大亮点。

3.7.3 建议

（1）通过政府全面合理地规划，加大投资力度，可持续开发地热资源。

（2）进一步加大地热资源的勘探力度，开展干热岩研究，对地热资源实行梯级利用。

（3）在政府大力扶持下，推动以温泉开发为龙头的"温泉经济"快速发展，可适当打造1～2个温泉带开发建设成独特的"温泉文化小特区"。

3.8 广州市地学旅游资源分布图

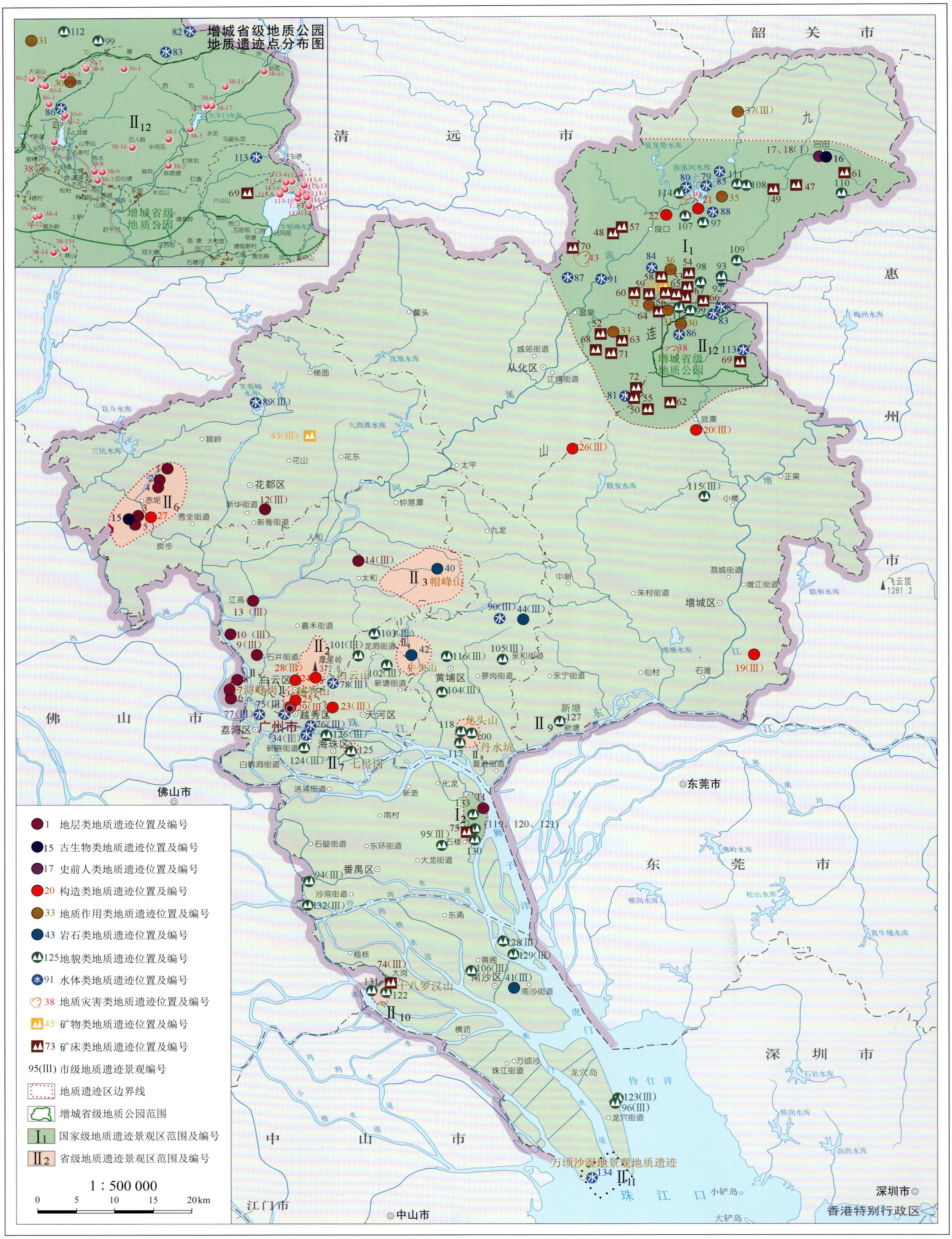

3.8.1 资料来源

资料来源于广州市地质调查院2010年完成的《广州市地质遗迹资源调查工作报告》和广州市国土资源与规划委员会2015年编制的《广州市地质遗迹保护规划（2015—2025）》，图件由广州市地质调查院编制。

3.8.2 图件说明

广州市具有丰富的地质遗迹景观资源，地质遗迹类型众多。本图表示了广州市地质遗迹资源类型及分布，并标示了广州市54个地质遗迹、175处地质遗迹点的分布区域和位置。

3.8.2.1 广州地质遗迹基本类型

广州市境内地质遗迹可分为十一大类。分布最广的地质遗迹类型为地质地貌景观、地质构造遗迹及采矿遗迹，其次是水体景观（表1）。

表1　广州市地质遗迹分类表

类型	遗迹点（个）	类型	遗迹点（个）
地层类	14	地貌类	66
古生物类	2	水体类	26
史前人类	2	地质灾害类	3
构造类	13	矿物类	5
地质作用类	10	矿床类	29
岩石类	5		

3.8.2.2 广州地质遗迹景观分区及分布

1）广州地质遗迹景观分区

根据地质遗迹科学性、典型性以及自然性等组合特征，广州市地质遗迹划分为国家级地质遗迹景观区、省级地质遗迹景观区和市级地质遗迹景观区，不同级别遗迹景观区所占比例如图1所示。

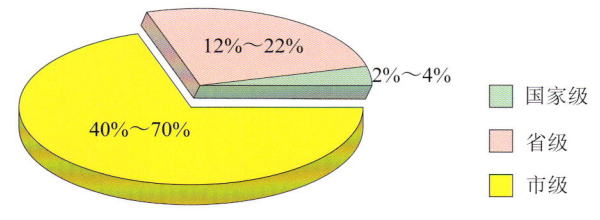

图1　各级别遗迹景观区所占比例

2）遗迹景观区分布

广州市辖区内各区均有分布（图2）。其中国家级地质遗迹景观区2个，分别是从化区天堂顶国家级地质遗迹区（I_1）和番禺莲花山国家级地质遗迹区（I_2）；省级地质遗迹景观区12个，分别是越秀山省级地质遗迹景观区（II_1）、白云山省级地质遗迹景观区（II_2）、帽峰山省级地质遗迹景观区（II_3）、牛头山省级地质遗迹景观区（II_4）、寻峰岗省级地质遗迹景观区（II_5）、赤坭省级地质遗迹景观区（II_6）、七星岗省级地质遗迹景观区（II_7）、龙头山省级地质遗迹景观区（II_8）、新塘倚岩寺省级地质遗迹景观区（II_9）、十八罗汉山省级地质遗迹景观区（II_{10}）、万顷沙湿地省级水体地质遗迹景观区（II_{11}）、广州增城省级地质公园（II_{12}）；市级地质遗迹景观区40个。

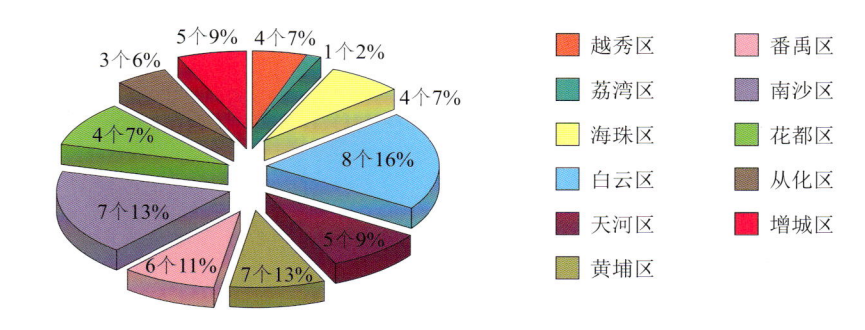

图2　广州市各区分布遗迹景观区个数及所占比例

3.8.3 建议

加强地质遗迹景观保护和开发利用，促进地质遗迹的保护性开发利用，逐步实现地质遗迹资源保护与生态环境协调发展的最终目的。

（1）对已开发利用的地质遗迹资源，应加强保护，合理规划旅游路线，避免过度开发。

（2）对尚未开发利用的地质遗迹集中分布区域，申请建立相应级别的地质公园，科学规划地学旅游路线、旅游项目，合理开发利用地质遗迹资源，将地质遗迹保护与支撑地方经济发展、扩大居民就业的旅游产业相结合，进而促进地质遗迹的永续保护。

（3）抢救和保护遭受破坏的具有重大科学意义与观赏价值的重要地质遗迹，对一些不能开发利用的地质遗迹应采取有效措施对其封存保护，禁止开发。

4

地 质 环 境

4.1 广州市地下水质量状况图

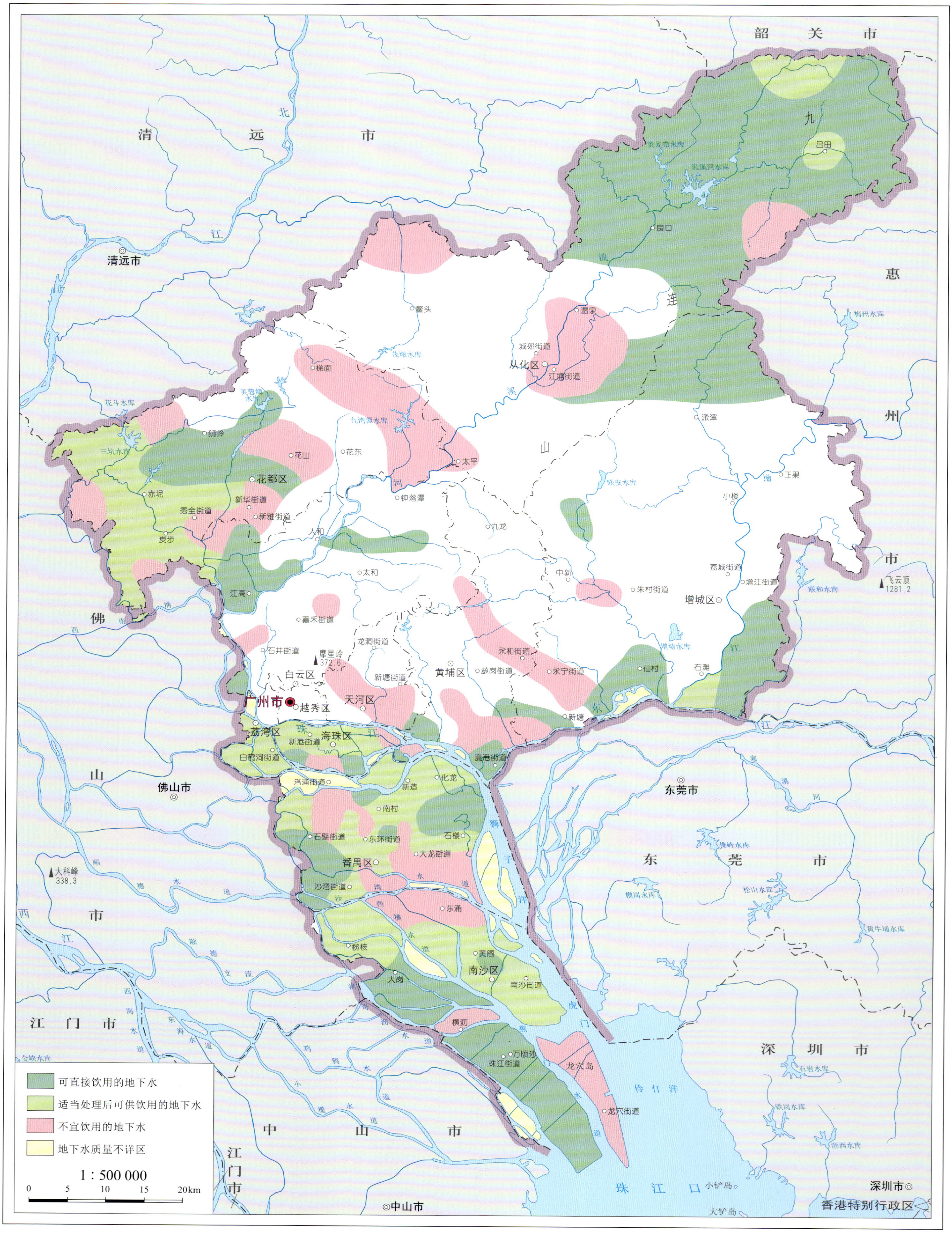

图例：
- 可直接饮用的地下水
- 适当处理后可供饮用的地下水
- 不宜饮用的地下水
- 地下水质量不详区

1:500 000

4.1.1 资料来源

图件编制资料主要来源于"主要含水层水质综合调查工程"中的二级项目"珠江三角洲松散沉积含水层水质综合调查",2016年完成广州市水质调查成果。图件由中国地质科学院水文地质环境地质研究所编制。

4.1.2 图件说明

2016年采集地下水样品230组,测试无机有机元素指标79项(表1)。

表1 地下水质量评价指标分类表

指标类型		指标数
现场		4
无机		38
有机	卤代烃	37
	氯代苯类	
	单环芳烃	
	多环芳烃	
	有机氯农药	

4.1.2.1 地下水质量总体状况

广州市地下水质量总体较好。利用230组地下水样品调查分析资料,按照《地下水水质标准》(DZ/T 2090—2015)进行评价。得出25.7%的地下水可作为饮用水供水水源,主要分布在广州市的东北部,其他地区零星分布;51.7%处理后可作为饮用水供水水源,主要分布在几条大河旁以及大片连绵丘陵的增城区、白云区和黄埔区;22.6%不宜作为饮用水供水水源,主要分布质量差的大都在城市中心区,如天河区、番禺区、花都区等人口和企业密集的城市地区(图1)。

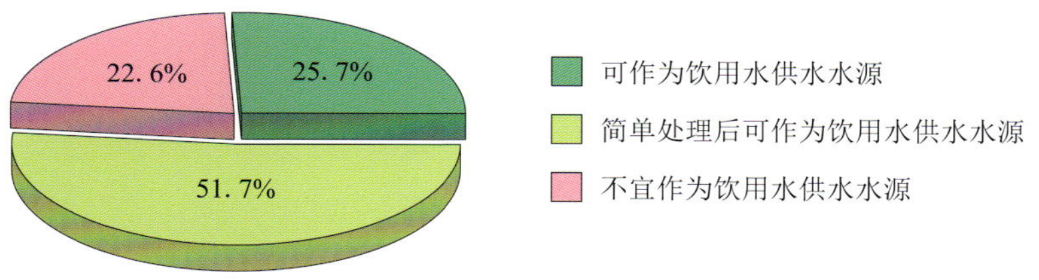

图1 广州市各类地下水水源比例分布图

4.1.2.2 地下水质量主要影响指标

(1)综合评价主要影响指标。主要影响广州市地下水质量的指标为:pH值、锰、氨氮、铝和硝酸盐等,其中pH值超标率最高,超标点占总样点的47%,其次是锰、氨氮、铝和硝酸盐分别为16%、14%、11%和7%。

(2)单指标评价主要影响指标。广州市地下水pH从4.45至8.50,单指标评价结果显示pH<5.5的约占样品的41%,pH<6.5的约占样品的51%。单指标评价超标率较高的指标依次是锰27%、氨氮16%、铝13%、耗氧量11%、亚硝酸盐10.43%和碘化物10%。

4.1.2.3 主要影响指标成因分析

(1)pH。引起广州市地下水pH偏低的主要原因为:天然条件下,某些地质环境中含有大量的腐殖质、硫化物及有机酸,其中有机质(碳)在氧化条件下可产生大量的游离二氧化碳,使地下水的pH值降低;人为活动中,工业废气及酸雨对地下水的pH值影响较大;当土壤本身对酸的缓冲能力不足时,酸性水就会通过入渗补给地下水,引起地下水的pH降低。

(2)锰。地下水中锰含量的水平变化主要受地貌、含水层的沉积环境及水力特征等因素控制。广州市地下水中的高锰含量地区主要分布在工业相对发达的平原区及地下水排泄区;含有较多的淤泥质时,锰含量较高;地下水的锰含量随着pH值的降低而增高。

(3)氨氮。氨氮是指以游离氨(NH_3)和铵离子(NH_4^+)形式存在的氮。天然条件下,动植物的遗体、排出物和残落物中的有机氮被微生物分解后形成氨,可在降水淋滤作用下进入水环境。人类活动中,生活污水排放、垃圾渗滤液、农业化肥流失是氨氮的重要来源。在化工、冶金、石油化工、油漆颜料、煤气、炼焦、鞣革、化肥等工业废水中也有氨氮的存在。

4.2 广州市地下咸水分布图

4.2.1 资料来源

资料来源于广东省地质调查院的珠江三角洲经济区1∶25万生态环境地质调查以及珠江三角洲经济区城市群地质环境综合调查项目资料及成果。图件由中国地质调查局武汉地质调查中心编制。

4.2.2 图件说明

广州市地下咸水主要分布在南部三角洲平原海水入侵区。三角洲平原区河网化程度高，第四系沉积厚度十几米到70多米不等，由于受海侵影响，地层中残留大量盐分，地下水以微咸—咸水为主。部分地段尽管长期降雨、地表水下渗使表层呈现淡化趋势，但因地势平坦，地表多为黏土或淤泥质黏土覆盖，地下径流缓慢，加之咸潮入侵，使深部咸水淡化趋于减弱，出现上淡下咸的情形，主要分布在广州市区北部石井镇一带，面积约为41.79km²。

4.2.2.1 地下咸水

三角洲平原区临近珠江口门地区的水化学类型为Cl-Na型，矿化度向珠江口方向逐渐增高。根据矿化度将地下咸水分为3类，分别为微咸水（矿化度1~3g）、半咸水（矿化度3~10g）、咸水（矿化度>10g）（表1）。

微咸水：面积约为247.54km²，主要分布于增城新塘—黄埔南岗—番禺化龙沙湾鱼窝头一带。

半咸水：面积约为134.02km²，主要分布于番禺大岗—南沙黄阁大涌一带。

咸水：面积约为271.49km²，主要分布于南沙区南沙、万顷沙、新垦镇沿海一带。

表1 地下咸水分类面积表

地下咸水	咸水	半咸水	微咸水	上淡下咸水
面积（km²）	471.49	134.02	247.54	41.78

4.2.2.2 海岸带变迁及填海造地趋势

据资料介绍，约在2 500年前，广州地区构造下沉作用暂停，随着淤泥作用的加强，海水开始缓慢地退出广州，人类活动随之发展起来，广州城从此逐渐形成。公元前3世纪秦在此地设郡，由于当时广州面临大海，取名为"南海"。

据史载，宋朝时广州城下仍称"小海"，因海面阔，常有海中巨鱼游至城下。从明代开始，广州水陆面积开始发生明显逆转，海退的速度明显加快，至清代嘉庆和道光年间，海水已退至顺德以南一带，随后以每年70~130m的速度退出。

2000年以来，造陆速率由秦汉—唐初期间的0.55km²/a逐渐发展至唐初以来的1.78~2.41km²/a。大规模的人类活动使120余年来海岸发生异常变迁，以万顷沙至横门最为明显。19世纪80年代初至20世纪80年代初，万顷沙向海推进平均速率已分别达到63.3m/a。20世纪60—70年代"以粮为纲"时期、80—90年代改革开放初期的大规模围海造地活动使本区尤其是珠江口地区海岸线快速向南海推进（珠三角向海推进面积增加619.23km²，其中珠江口地段向海增加552.95km²）。目前横门外中山市境内已围垦至二十三涌、南沙区境内已围垦至二十一涌。

1965—2003年珠江三角洲海岸总造陆面积达730.64km²，造陆速率为19.23km²/a，造陆的速度呈越来越快的趋势。其中伶仃洋为海岸变迁的典型地段。伶仃洋两岸38年间共造陆2 483km²，平均速率为6.42km²/a，其中1965—1990年4.05km²/a、1990—2000年10.33km²/a、2000—2003年13.09km²/a。分析结果真实反映了伶仃洋的造陆速度呈越来越快的发展趋势。

4.2.2.3 咸潮入侵

由于不断地进行填海造地，抬升了潮位，加剧了洪涝灾害的发生，围垦也使河道变窄，咸潮上溯的范围变大，进入枯水期后，广州市番禺区沙湾水道上游西江流域降雨锐减，流量减少，从而导致生产和生活用水的增加使地表水的水位大幅下降，海平面上升加剧咸潮入侵，对周边地下水的咸化影响较大。

4.2.3 结论

20世纪90年代以来的河床挖砂和日益加剧的口门围垦，海岸带不断向海域前进，导致口门水域面积减小，纳潮容积减小，枯季潮水位升高；口门以上河段河床普遍下切，河槽容积增大，枯季潮水位降低，进潮量增加。这些都强化了三角洲平原区的地下水咸化进程。

4.3 广州市土地环境质量综合评价分区图

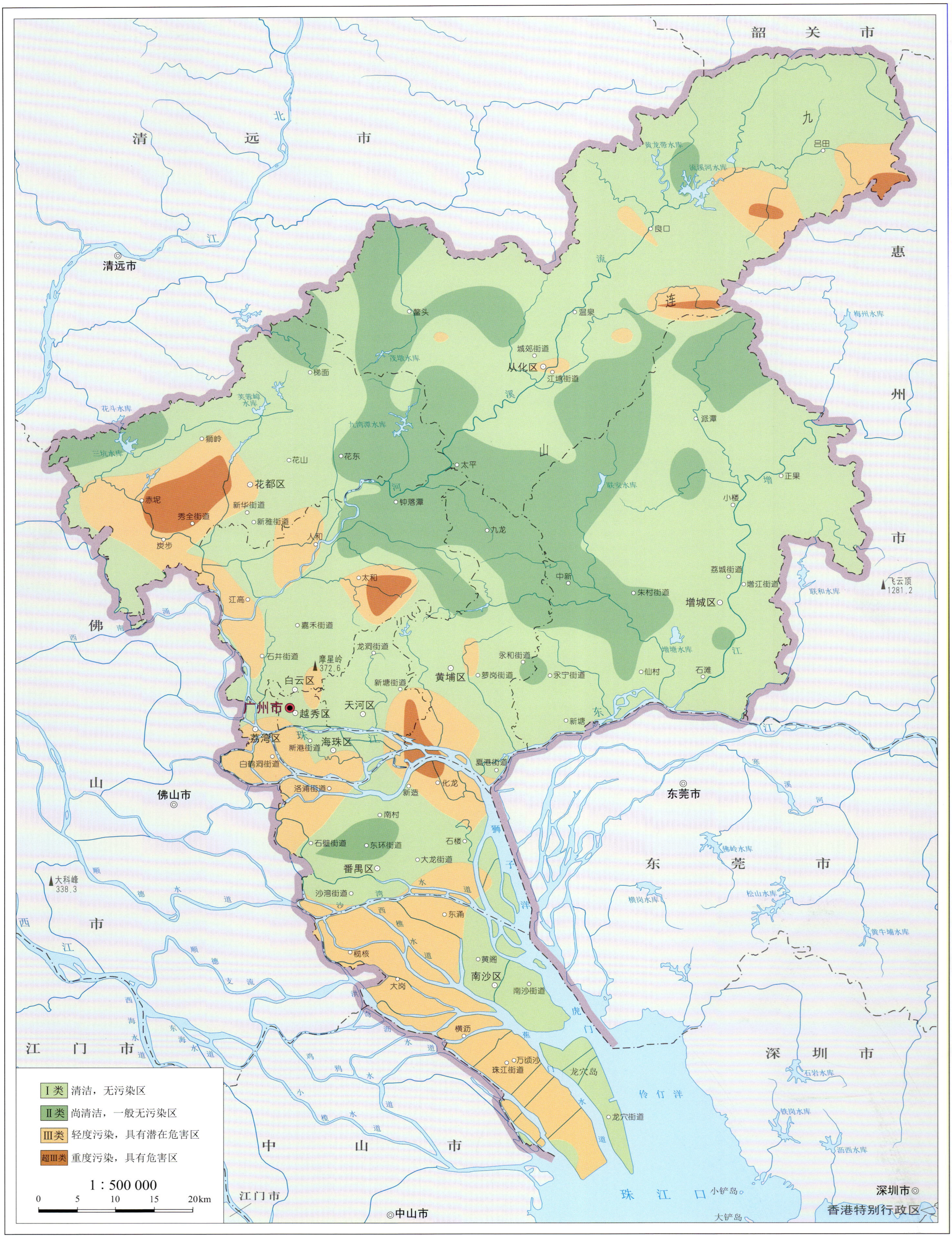

图例：
- I类 清洁，无污染区
- II类 尚清洁，一般无污染区
- III类 轻度污染，具有潜在危害区
- 超III类 重度污染，具有危害区

1:500 000

4 地质环境

4.3.1 资料来源

收集了"广东省珠江三角洲1:25万多目标地球化学调查""广东省珠江三角洲经济区农业地质与生态地球化学调查"项目获得的有关土地元素地球化学数据。图件由中国地质调查局武汉地质调查中心编制。

4.3.2 图件说明

依据土壤中As、Cd、Cr、Cu、Hg、Ni、Pb、Zn等元素含量水平及土壤环境质量标准（GB 15618—1995）划分出的土壤环境地球化学等级综合成图。表示了广州市土地环境质量综合状况，图中标出了广州市11个行政区土地环境质量Ⅰ类区、Ⅱ类区、Ⅲ类区、超Ⅲ类区分布情况。

4.3.2.1 广州市土地环境质量总体良好

广州市土地环境质量Ⅰ类区分布面积4 232.5km^2，占全区的59.0%；土地环境质量Ⅱ类区分布面积1 536.4km^2，占21.4%；土地环境质量Ⅲ类区分布面积1 183.0km^2，仅占16.5%；土地环境质量超Ⅲ类区分布面积222.4km^2，占3.1%（图1）。

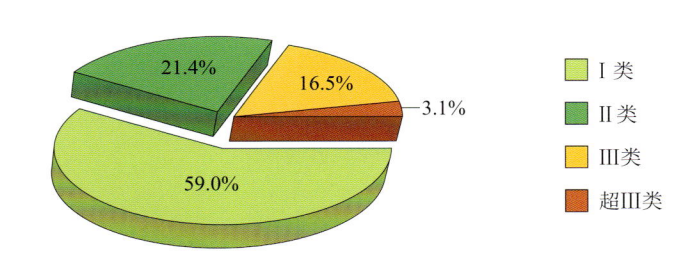

图1 广州市土地环境质量Ⅰ类、Ⅱ类、Ⅲ类、超Ⅲ类面积占比

11个行政区中，天河区、越秀区、增城区和从化区土地环境质量Ⅰ类区面积占当地比例分别为81.5%、81.0%、71.8%、66.5%，位居前四位，荔湾区相应占比最小，为19.8%；白云区、黄埔区、花都区、增城区和从化区土地环境质量Ⅱ类区面积占当地的比例均超过20%，番禺区相应占比最小，为8.0%；花都区和从化区土地环境质量超Ⅲ类区面积最大，占当地比例分别为7.6%和4.6%（表1）。

表1 广州市各行政区土地环境质量分级情况汇总表

行政区	土地环境质量							
	Ⅰ类 (km^2)	比例 (%)	Ⅱ类 (km^2)	比例 (%)	Ⅲ类 (km^2)	比例 (%)	超Ⅲ类 (km^2)	比例 (%)
越秀	27.4	81.0			6.4	19.0		
荔湾	12.5	19.8			50.5	80.2		
海珠	41.1	44.4			51.1	55.2	0.4	0.4
天河	110.8	81.5			18.3	13.4	6.9	5.0
白云	327.9	49.4	163.1	24.6	151.8	22.9	21.2	3.2
黄埔	251.9	52.1	151.8	31.4	63.2	13.1	15.9	3.3
番禺	288	56.7	40.7	8.0	178.8	35.2		
花都	469	49.5	241.5	25.5	165.4	17.4	72.3	7.6
南沙	224.7	34.8			420.3	65.2		
增城	1146.3	71.8	451	28.2				
从化	1315.6	66.5	477.1	24.1	95.7	4.8	90.1	4.6

4.3.2.2 局部地区土地环境质量较差

广州市土地环境质量Ⅲ类区、超Ⅲ类区较为集中分布在从化区、花都区、白云区、南沙区以及海珠区、黄埔区和天河区三区交界区域，存在一定污染，具有一定危害。

4.3.3 建议

建议在Ⅰ类区、Ⅱ类区注重保护，控制土壤污染源。在Ⅲ类区、超Ⅲ类区注重风险防控，开展高经度土地质量详查，进行土壤污染风险评估，合理规划，调整农业种植结构，改变用地方式，对超Ⅲ类区进行土壤修复，注重生态环境保护及可持续发展。

4.4 广州市地质灾害现状分布图

图例：
- 威胁人数超过100人的崩塌、滑坡、泥石流隐患点
- 威胁人数超过100人的地面塌陷隐患点
- 威胁人数超过100人的地面沉降隐患点
- 威胁人数小于100人的崩塌、滑坡、泥石流隐患点
- 威胁人数小于100人的地面塌陷隐患点
- 威胁人数小于100人的地面沉降隐患点
- 已发崩塌、滑坡、泥石流地质灾害点
- 已发地面塌陷地质灾害点
- 已发地面沉降地质灾害点
- 地质灾害（隐患点）密集区及地灾点数（个）

1：500 000

4 地质环境

4.4.1 资料来源

资料来源于广州市地质调查院2012年1月至2016年6月地质灾害巡查、核查、抢险调查等工作成果，图件由广州市地质调查院编制。

4.4.2 图件说明

4.4.2.1 地质灾害类型

本图所列地质灾害主要是指自然因素或人为活动引发的危害人民生命和财产安全的山体崩塌、滑坡、泥石流、地面塌陷、地面沉降等与地质作用有关的灾害。

4.4.2.2 地质灾害分布

截至2016年6月，广州市现有地质灾害隐患点共有704处，其中崩塌581处，滑坡91处，泥石流4处，地面沉降6处，地面塌陷22处（图1）。威胁16 675人的生命安全，潜在经济损失约5.6亿元。其中威胁100人以上的中型地质灾害隐患点有20处（表1），威胁5 453人的生命安全，潜在经济损失约1.75亿元；威胁100人以下地质灾害隐患点684处（表2），威胁11 222人的生命安全，潜在经济损失约3.85亿元。

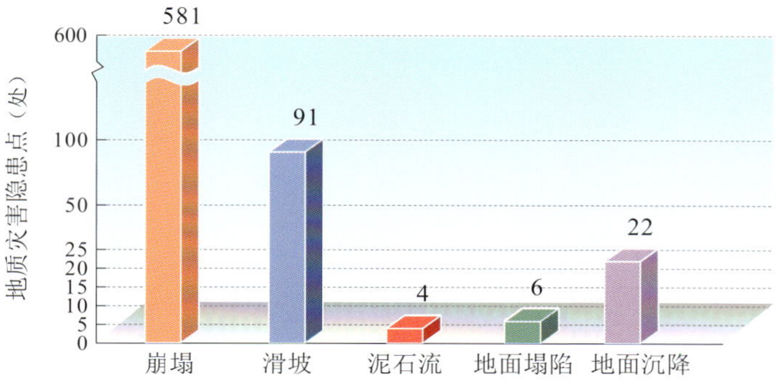

图1 各类地质灾害隐患点统计

表1 广州市威胁100人以上地质灾害隐患点分布一览表

序号	地点		灾害类型	威胁人数（人）	潜在经济损失（万元）
1	南沙区	大岗镇大岗村佛岗山	崩塌	727	2000
2	越秀区	六榕街双井街30号		425	500
3		登峰街西坑浦洞路后山村		150	500
4	天河区	天河区龙洞森林公园龙洞山庄大街13号西侧		119	550
5	白云区	白云区太和镇夏良村	地面沉降	1200	1200
6		太和镇涉外经济职业学院	泥石流	700	300
7		石井街夏茅村	地面塌陷	381	2661.6
8	从化区	良口镇团丰村东洞社西北侧	滑坡	297	500
9		温泉镇龙新村水口一社		187	600
10		江埔街和睦村大岭围西南侧	崩塌	140	380
11		良口镇胜塘村一社文竹窝黄灿新、邓阳春宅东南侧		135	350
12		鳌头镇山心村高丰队高社明宅南侧、西侧		130	400
13		钟落潭镇金盆村九曲径路10号~40号西南侧		120	1200
14		良口镇联群二社		115	800
15		良口镇和丰村张洞21号东侧	滑坡	115	500
16		吕田镇鱼洞村二社罗发波宅东北侧		106	260
17		从化区温泉镇中田村沈山下社南侧		104	500
18		钟落潭镇华坑村二巷6号至十巷7号西北侧边坡	崩塌	102	1300
19		江埔街海塱村大灶佛东南侧边坡（G105国道旁）		100	3000
20		从化区江埔街长和化工厂	滑坡	100	300
	总计			5 453	17 501.6

表2 广州市威胁100人以下地质灾害隐患点分布一览表

行政区	隐患点分类统计					合计	威胁人数（人）	潜在经济损失（万元）
	崩塌	滑坡	泥石流	地面塌陷	地面沉降			
越秀区	1					1	5	100
海珠区	1					1	90	800
荔湾区		1		1	1	3	50	850
番禺区	44	3				47	879	3 553
南沙区	39	2			1	42	760	3 345
黄埔区	171	3				174	2 456	10 212.9
天河区	9	2	1			12	261	469
白云区	20	4		3	1	28	924	4 518
花都区	37	11		13	2	63	884	3 089.8
从化区	153	44	1	3		201	3 246	6 936
增城区	93	16	1	1	0	112	1 667	4 545
总计	568	87	3	21	5	684	11 222	38 418.7

从地质灾害空间分布特征来看，地貌和岩性是决定地质灾害分布的主导因素，强降雨和人类工程活动是导致地质灾害发生的主要诱发因素。在北部从化、花都、增城、萝岗山地丘陵区，易发生崩塌、滑坡、泥石流等突发性地质灾害；在南部广州城区、番禺区和南沙，为珠江三角洲冲积平原区，由于大面积软土分布，易发生软土地基沉降和基坑边坡失稳等；在西北部的广花盆地，从化良口、鳌头，增城派潭等隐伏岩溶区，不合理矿产资源开发、大量开采地下水和不合理的工程经济活动，易导致地面塌陷。

4.4.3 建议

（1）各区应有重点的实施防预。黄埔区、从化区、增城区及花都区的中低山丘陵区应主要预防斜坡类地质灾害（崩塌、滑坡、泥石流）；花都区、白云区、从化区、增城区等隐伏岩溶区及广州市区大规模工程建设区应主要预防地面塌陷；广州市区过于集中大量抽排地下水的建筑场地主要应预防地面沉降。

（2）加强地质灾害监测预警、防治以及应急体系建设。

4.5 广州市地质灾害易发程度分区图

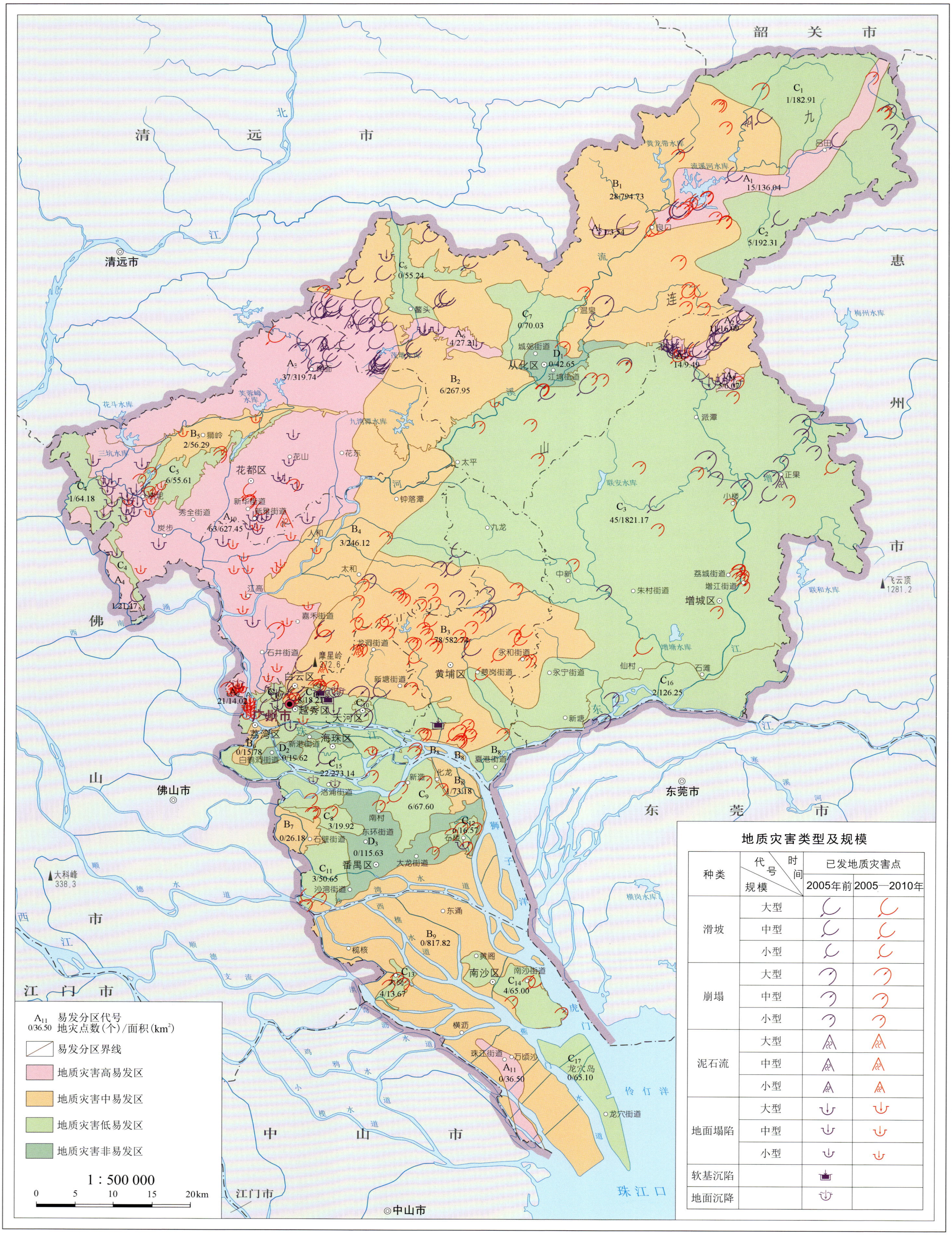

4.5.1 资料来源

资料来源于广州市国土资源和房屋管理局2011年编制的《广州市地质灾害防治"十二五"规划》，图件由广州市地质调查院编制。

4.5.2 图件说明

4.5.2.1 地质灾害危险性分区原则

（1）滑坡、崩塌、泥石流及地面塌陷地质灾害：采用定量划分原则。具体划分指标见表1。

表1 地质灾害易发区划分表

影响要素 \ 灾种	滑坡、崩塌、泥石流	地面塌陷	易发程度分区及分值
灾害分布情况	每4km²有1个及1个以上灾害点或斜坡不稳定；面状、沟状、点状水土流失严重		高易发区
地形、地貌	山峰标高200m以上的丘陵区，相对高差10~60m，坡度25°~45°，沟谷、崩岗、面蚀冲沟十分发育	谷地、台地区、强岩溶分布区	
人类工程活动、植被情况	人为活动强烈、地下水开采强度大、植被覆盖率低、人工削坡大于50°，新建公路边坡		
区域岩土层、构造	块状岩组，变质岩组的风化土层厚度大，层状岩组稳定性差的顺层边坡，岩溶化灰岩，构造发育		
灾害分布情况	每4km²有1个灾害点或斜坡潜在不稳定，面状、沟状、点状水土流失中等		中易发区
地形、地貌	山峰标高200m左右的丘陵区，相对高差60~100m，坡度20°~60°，面蚀冲沟发育	谷地、台地区、岩溶分布区	
人类工程活动、植被情况	人为活动较强烈、地下水位变化较大、植被覆盖率一般、人工削坡35°以上，旧公路沿线人工边坡		
区域岩土层、构造	基岩风化层厚度中等，缓顺层边坡，构造较发育		
灾害分布情况	灾害点少，斜坡基本稳定—潜在不稳定，水土流失轻微		低易发区
地形、地貌	山峰标高200m以下，相对高差100m以下的中低山区，面蚀冲沟不发育	丘陵区、弱岩溶灰岩区	
人类工程活动、植被情况	人为影响小，植被覆盖较好		
区域岩土层、构造	层状较软红层岩组，岩石风化层较薄，无明显构造		
灾害分布情况	灾害点极少或无地质灾害点，斜坡稳定—基本稳定，无水土流失		不易发区
地形、地貌	标高100m左右，坡度<25°，平原、台地或谷地区	丘陵以上地区、无岩溶灰岩区	
人类工程活动、植被情况	人为活动影响微弱，植被覆盖好		
区域岩土层、构造	第四纪冲积层，基岩裸露，残坡积层薄		

（2）地面沉降地质灾害：珠江三角洲冲积平原软土分布的地段依据软土沉降量的大小进行易发程度分区：沉降量≤30cm（软土厚度≤10m）为低易发区，沉降量30~60cm（软土厚度10~25m）为中易发区，沉降量≥60cm（软土厚度≥25m）为高易发区。

4.5.2.2 地质灾害易发程度分区

广州市共分地质灾害高易发区11个，中易发区9个，低易发区17个，非易发区3个。其中地质灾害高易发区总面积1 218.25km²，占全市总面积的16.4%；地质灾害中易发区总面积2 880.79km²，占全市总面积的38.7%；地质灾害低易发区总面积3 157.46km²，占全市总面积的42.5%；地质灾害非易发区总面积177.90km²，占全市总面积的2.4%（图1）。

图1 广州市地质灾害易发程度分区统计

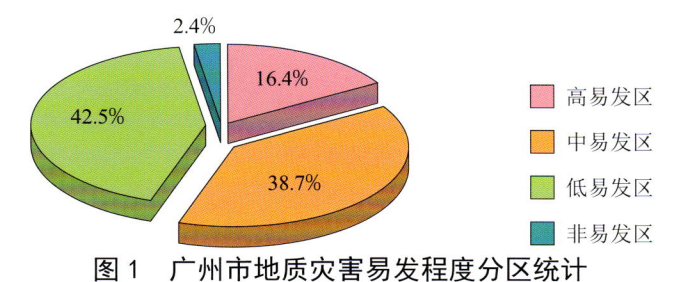

分区情况具体说明见表2。

表2 广州市地质灾害易发区说明表

分区		位置	面积（km²）	主要地质灾害
高易发区	A1	从化吕田—良口 G105 国道	136.04	崩塌、滑坡
	A2	增城派潭镇高滩	16.08	
	A3	从化鳌头—花都梯面	319.74	崩塌、滑坡、泥石流
	A4	花都赤坭镇赤东村—炭步镇文二	21.47	
	A5	从化良口镇石岭地	3.54	地面塌陷
	A6	从化鳌头古塘—象新	27.21	
	A7	增城派潭高滩地区	9.49	
	A8	增城派潭灵山	6.71	
	A9	白云金沙洲—荔湾大坦沙	14.02	
	A10	广州市北郊广花盆地	627.45	
	A11	南沙万顷沙	36.50	软土地基沉降、地面沉降
中易发区	B1	从化鳌头棋杆—温泉—良口石明村	794.73	崩塌、滑坡、泥石流
	B2	花都九湾潭水库—从化鳌头大坝	267.95	
	B3	白云三元里街—太和镇—萝岗永和街	582.74	
	B4	白云均和街—钟落潭镇	246.12	
	B5	花都狮岭	56.29	地面塌陷
	B6	荔湾中南街—海珠石围塘街	15.78	软土地基沉降、地面沉降
	B7	番禺广州新火车站	26.18	
	B8	黄埔南岗街—萝岗夏岗街—番禺化龙镇	73.18	
	B9	番禺东涌—南沙万顷沙新垦	817.82	
低易发区	C1	从化吕田东明	182.91	崩塌、滑坡
	C2	从化良口散围—吕田三水	192.31	
	C3	增城新塘—派潭—从化太平—萝岗九龙	1821.17	
	C4	花都赤坭莲塘官坑	64.18	
	C5	花都赤坭镇集益水库—洪秀全水库	55.51	
	C6	从化鳌头镇北部	55.24	
	C7	从化城郊街古塘—玉田埔	70.03	
	C8	番禺钟村街	19.92	
	C9	黄埔长洲街—番禺新造镇	67.60	
	C10	荔湾桥中街—越秀登封街—天河南街	18.21	
	C11	番禺宝墨园—钟村街道办事处	50.65	崩塌、滑坡
	C12	番禺石楼镇	16.57	
	C13	番禺大岗—潭洲	13.67	
	C14	南沙黄阁镇—南沙街	65.00	
	C15	越秀—黄埔—海珠—番禺大石	273.14	软土地基沉降、地面沉降
	C16	增城新塘—三江	126.25	
	C17	南沙龙穴岛	65.10	
非易发区	D1	从化街口—从化太平	42.65	
	D2	海珠赤岗街—荔湾东沙街	19.62	
	D3	番禺沙湾街—番禺石楼镇菱塘	115.63	
合计			7 434.4	

4.5.3 建议

加强对广州市地质灾害易发区的地质勘查，查明地质灾害发生的地质环境条件和发生规律及诱发因素。

4.6 广州市地质灾害风险区划图

4 地质环境

4.6.1 资料来源

资料主要来源于2010年广州市地质调查院编制的《广州城市地质灾害调查与危险性评价》成果，图件由广州市地质调查院编制。

4.6.2 图件说明

4.6.2.1 地质灾害风险划分

地质灾害风险划分为地质灾害易发性、危险性、易损性和风险性。据已发地质灾害种类、强度和空间发生位置，地质灾害对社会造成的破坏，对人类生命财产、经济、资源环境等可能造成的损失，结合广州市地质环境条件、人类活动强度、城镇建设规划等因素，将广州市全区划分为4级风险区，分别是风险性大区、风险性较大区、风险性中等区和风险性小区。

4.6.2.2 地质灾害风险程度分区

广州市地质灾害风险大区（A）面积223km²，占全市面积的3.14%；地质灾害风险较大区（B）面积1 101.1km²，占全市面积的13.6%；地质灾害风险中等区（C）面积2 319.6km²，占全市面积的31.2%；地质灾害风险小区（D）面积3 880.8km²，占全市面积的52.2%（图1）。其风险性分区情况及潜在威胁见表1。

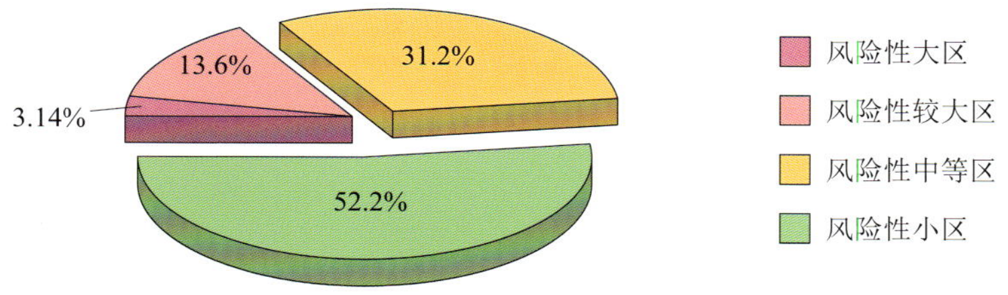

图1 各风险分区所占比例示意图

表1 突发性地质灾害风险性分区表

分区	分布区域	灾害类型	危害对象	评估
风险性大区（A）	主要分布于白云区棠景街、景泰街、江高镇，越秀区矿泉街，天河区龙洞、岑村等地，花都区花山镇	崩塌、滑坡、泥石流	人民生命财产安全和重要工程和交通设施	危害性大，危险性大；直接经济损失约5.6亿元；受威胁人口8400人，预估经济损失2.595亿元
	荔湾区西部大坦沙和白云区金沙街，海珠区滨江街，花都区赤坭镇	地面塌陷、地面沉降	破坏建筑物、供排水系统、道路、农田、生态环境	
风险性较大区（B）	主要分布于从化区江埔镇，增城区派潭镇灵山	崩塌、滑坡	人民生命财产安全及重要工程和交通设施	危害性较大，危险性较大。预估经济损失6 000万元
	黄埔区文冲街、红山街、南岗街、夏港街道，花都狮岭镇、白云国际机场，白云区夏茅、嘉和街、南岗、鸦岗、亭岗等地，天河区北部，海珠区江南中街、新港街、赤岗街、官洲街，番禺区钟村镇、化龙镇、南村镇、新造镇、石楼镇，南沙区东涌镇、鱼窝头镇、灵山镇、万顷沙镇、乌洲村、南湾村、中围	地面塌陷、地面沉降、软土地基沉降	破坏机场、道路、建筑物、供排水系统、农田、生态环境	
风险性中等区（C）	从化区吕田镇、良口镇、温泉镇、太平镇，增城区中南部，白云区东北部，黄埔区麦村、福洞村、洋村，花都区梯面镇、长岗村、平山圩	崩塌、滑坡、泥石流	人民生命财产安全	危害性中等，危险性中等。预估经济损失2 150万元
	黄埔区、番禺区大石街、市桥镇，以及南沙区大岗镇、新垦镇、龙穴岛	软土地基沉降、地面沉降	道路、建筑物、供排水系统、农田、生态环境	
风险性小区（D）	广州市的大部分地区，包括从化市中南部（街口-太平）、萝岗区（香雪-永和）、增城区中部（南石头-北山）、番禺区北部和西部（沙湾-联益围）以及南沙区西部（横沥镇）	已发地质灾害程度较小	自然斜坡崩塌、滑坡的危害性小，危险性小	

4.6.3 建议

（1）突出不同时期重点防治对象，汛期加强山地丘陵区斜坡类地质灾害防治，非汛期加强平原区地面塌陷防治，日常加强地面沉降地质灾害防治。

（2）突出重点防治区域，建立跟踪人类工程活动的监督机制，提前介入及预防，实现防灾减灾目的。

4.7 广州市岩溶塌陷易发性分区图

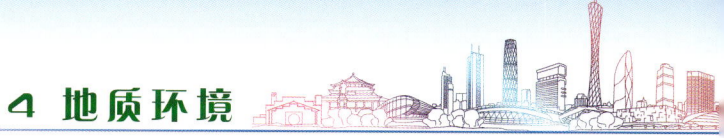

4.7.1 资料来源

资料来源于中国地质科学院岩溶地质研究所与广东省地质调查院共同完成的"珠三角地区岩溶塌陷地质灾害综合调查"项目成果资料，图件编制由中国地质调查局武汉地质调查中心完成。

4.7.2 图件说明

4.7.2.1 可溶岩分布现状

广州是岩溶较为发育的地区之一，可溶岩分布较为广泛，分布总面积为593.9km²，各行政区分布差异较大，主要集中发育在花都区、白云区、从化区、荔湾区、番禺区和增城区，见表1。

表1 广州市各行政区岩溶发育分布面积

行政区	岩溶面积（km²）	岩溶比例（%）
花都区	291.6	29.94
白云区	234.4	35.14
荔湾区	14.9	23.65
番禺区	12.1	2.34
增城区	10	0.62
从化区	30.9	1.55
合计	593.9	

4.7.2.2 广州市岩溶塌陷危害

岩溶塌陷地质灾害不仅危害较严重，而且造成的影响也较大，轻者破坏农田，毁坏农作物，致使鱼塘、水井干涸，甚至引起污水倒灌致地下水污染；重者影响矿场开采甚至停产关闭，导致房屋开裂、倒塌，造成人员伤亡及巨大经济损失等。广州较典型且危害较严重的是广花岩溶盆地江村、肖岗、新华等地，1959—1995年，因抽水试验或开采抽水先后产生塌陷146处，致使白云区江高、蚌湖、神山三镇238间房屋开裂。

4.7.2.3 易发性分区

1) 分区原则

易发性评价是依据岩溶塌陷地质灾害形成发育的地质环境条件，在充分分析并考虑岩溶塌陷地质灾害现状的基础上，结合影响岩溶塌陷地质灾害的重要因素或致灾因子进行的。遵循定性结合定量的评价原则、地质灾害形成主导因素原则、相似性与差异性原则及类比原则。

2) 评价因子

岩溶塌陷易发性评价采用的评价因子有岩溶发育情况、覆盖层厚度、地层结构、地下水位变化幅度等，各因子间采用层次分析法和专家咨询相结合进行权重分析，通过对单元格内因子运用综合指数法进行塌陷易发性划分，共划分地面塌陷高易发区、地面塌陷中易发区及地面塌陷低易发区3个等级。

3) 评价结果

根据上述评价原则，将广州市岩溶塌陷易发性划分为高易发区、中易发区、低易发区3个等级，发育面积分别为高易发区389.9km²、中易发区90.5km²、低易发区113.5km²，其中高易发区主要集中在花都区、白云区。各行政区分布情况见表2。

表2 广州市各行政区易发性分区结果

区（县）	高危险区 面积（km²）	高危险区 占岩溶比例（%）	中危险区 面积（km²）	中危险区 占岩溶比例（%）	低危险区 面积（km²）	低危险区 占岩溶比例（%）
花都区	203.4	69.75	36.6	12.55	51.6	17.7
白云区	139.3	59.43	41.8	17.83	53.3	22.74
荔湾区	6.3	42.28	0	0	8.6	57.72
番禺区	0	0	12.1	100	0	0
增城区	10	100.00	0	0	0	0
从化区	30.9	100.00	0	0	0	0
小计	389.9		90.5		113.5	

4.7.3 建议

（1）加强岩溶发育规律、成因机制方面的调查研究，为治理防范提供理论依据。

（2）在易发岩溶塌陷地区开展工程建设活动前，尤其是大型或重要工程活动，建议做好前期分析论证工作，包括项目立项时进行地面塌陷的可能性技术论证分析、可行性研究勘察或初步勘查以及项目实施时详细勘察等，并需建立切实可行的一套岩溶塌陷地质灾害应急预案。

（3）在岩溶塌陷风险大的地区，建议优先采用避让措施，以及工程、监测预警等措施来防治岩溶塌陷地质灾害；在岩溶塌陷风险中、小的地区，采用工程和监测预警措施。

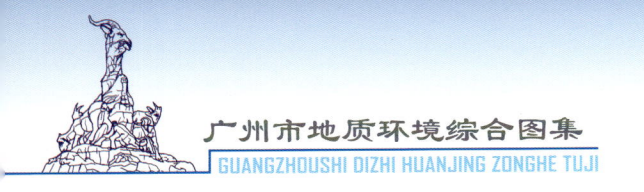

4.8 广州市软土分布及软土等厚线图

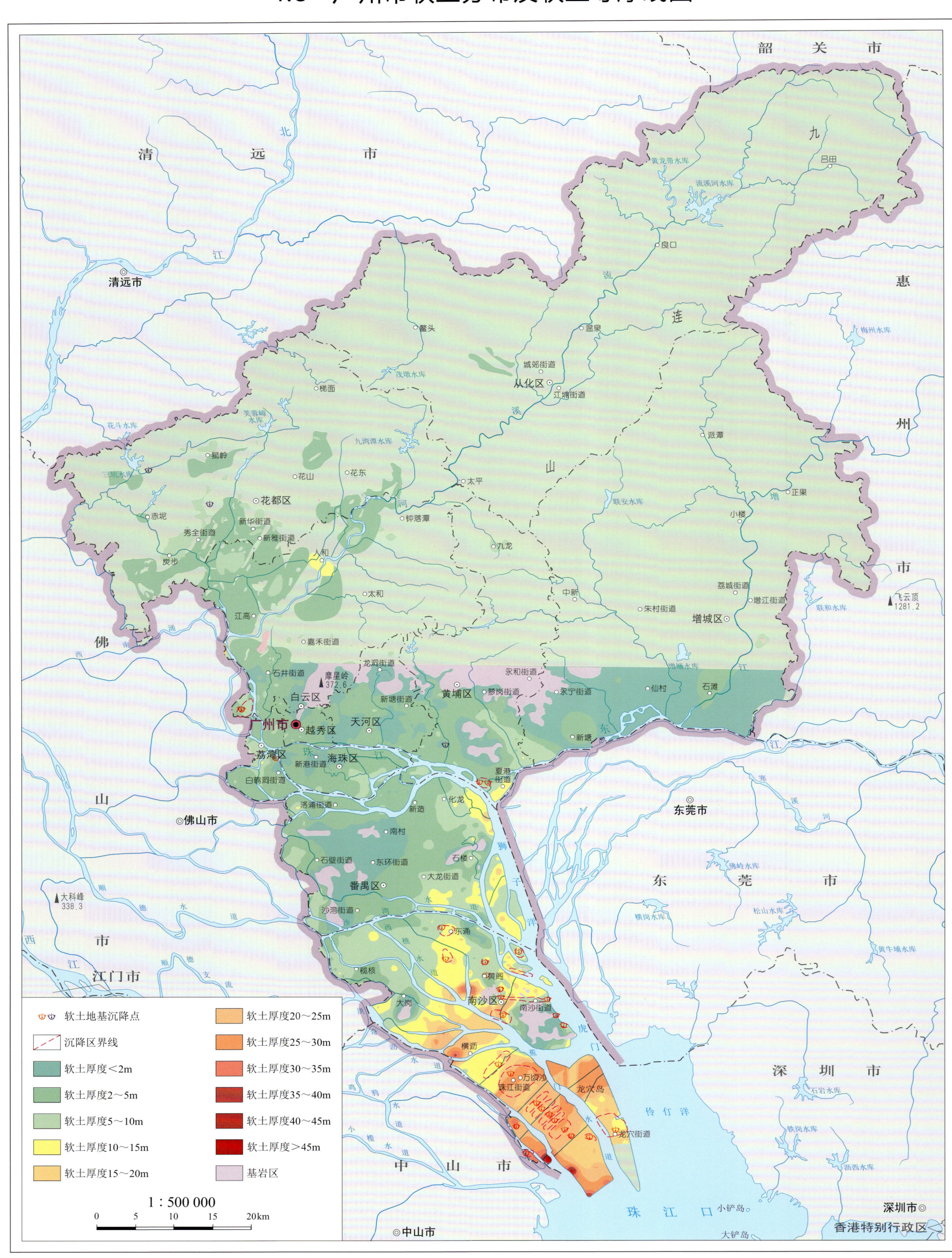

图例：
- 软土地基沉降点
- 沉降区界线
- 软土厚度 <2m
- 软土厚度 2~5m
- 软土厚度 5~10m
- 软土厚度 10~15m
- 软土厚度 15~20m
- 软土厚度 20~25m
- 软土厚度 25~30m
- 软土厚度 30~35m
- 软土厚度 35~40m
- 软土厚度 40~45m
- 软土厚度 >45m
- 基岩区

1:500 000

4.8.1 资料来源

资料主要来源于2010年广州市地质调查院编制的"广州城市地质灾害调查与危险性评价"成果，图件由广州市地质调查院编制。

4.8.2 图件说明

4.8.2.1 编图方法

图面内容包括软土分布范围、软土等厚线、发生软土地基沉降地质灾害点和区域。

按软土厚度由小到大、从浅至深的蓝色渐变色表示，以红色线标识软土地基沉降地质灾害发生区域。

4.8.2.2 编图内容

1）软土分布

广州市软土总分布面积约1 965 km^2，占广州市全区面积的26.43%。主要分布于广州南部冲积平原区（城市中心区、萝岗区、番禺区、南沙区），广花盆地、增城南增江平原的局部地段也有软土分布。其中珠江两岸、番禺—南沙软土分布面积约1 620 km^2，占软土分布总面积的82.88%，软土厚度一般在2～40 m，最厚达55 m，不同厚度软土所占比例见图1。

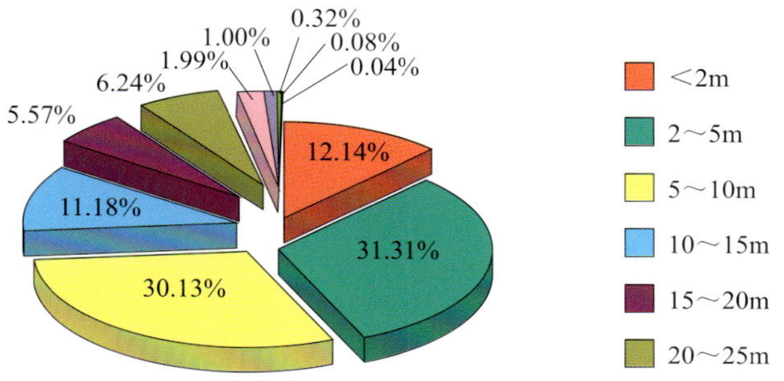

图 1 不同软土厚度占比

珠江两岸—番禺—南沙一带分布软土厚度在平面上表现出越靠近海岸厚度越大的规律。厚度小于10 m的软土主要分布在广州市区珠江两岸，增江平原，番禺区市桥、大石、钟村、南村大部分地区，以及南沙区灵山、乌洲、大小虎、黄山鲁等山地丘陵的周边；厚度达10～20 m的软土分布在广州经济技术开发区（黄埔）—化龙镇东—莲花山一带、东涌—鱼窝头一带；厚度为20～40 m的软土分布在南沙区横沥、万顷沙、新垦、三民岛、南沙港区（包括物流基地、钢铁基地、石化基地）；厚度大于40 m的软土较少见，分布于万顷沙十七涌以南的局部地区，最厚处可达55 m。

2）软土地基沉降概况

全市软土地基沉降较为显著的区域集中分布在南沙近期重点发展区、东涌—鱼窝头、万顷沙、新垦等地，软土在该区分布广、厚度大，软土地基沉降灾害显著，沉降量10～50 cm，另外白云区金沙洲片区金沙中学、沙凤村等地，黄埔区夏港街墩头基社区、珠江钢厂一带也存在软土地基沉降地质灾害，沉降量5～10 cm。软土地基沉降地质灾害一般呈片区状分布，经调查目前已发生软基沉降区共25个，软基沉降总面积59.89 km^2。

4.8.2.3 软土地基沉降原因

大面积分布的软土在自重或者附加荷载作用下排水固结而造成沉降，南沙的软土地基沉降灾害主要集中发生于近10年时间，其原因除了客观上广泛存在的软土外，主要在于人类工程活动的显著加强，特别是南沙近期重点发展区的开发建设，包括大面积的填海造地、岩土工程、道路工程等，区域静、动荷载的急剧增加及对地质环境的强烈扰动，使得软土地基沉降地质灾害愈加明显。

4.8.2.4 软土地基沉降的危害表现

软土地基沉降的危害主要表现在建筑物悬空、开裂、倾斜、下沉或侧翻，路面波状起伏、下沉、开裂、位裂，造成交通中断，供排水（气、油）管道折断与渗漏，通信设施中断，供排水系统失效等，其威胁的对象主要是城镇和乡村建筑物及市政公共设施，不仅影响工业与民用建筑的安全，而且影响了地下供电、供气、供排水管网以及水利工程等市政基础设施的正常使用，会导致公路、桥梁等不能正常营运，带来一定的负面社会影响，不可避免地影响城市建设与发展。

4.8.3 建议

开展软土分布专项调查，查明软土层的分布及其工程特性，预测最终沉降量，以便采取合理而有效的处理措施，防止此类地质灾害的发生，为合理圈定城市规划、进行土地开发与利用，以及今后的工程施工和处理提供参考；加强建设项目地质灾害危险性评估工作，根据工程特点采取合理有效的软土地基处理措施；加强工程建设过程中的地质灾害防治和日常动态监测工作，减少或避免软土地面沉降地质灾害危害。

4.9 广州市软土地面沉降危险性分区图

4.9.1 资料来源

资料来源于广州市地质调查院编制的《广州城市地质灾害调查与危险性评价》及2011年广州市国土资源和房屋管理局编制的《广州市地质灾害防治"十二五"规划》。

4.9.2 图件说明

广州市软土总分布面积约2 388km^2，占广州市全区面积的32.12%。根据软土地基沉降地质灾害现状、软土分布范围、软土厚度和软土埋藏等特征，结合城市规划建设，进行广州市软土地面沉降危险性分区，即危险性大区、危险性中等区和危险性小区。

软土地面沉降地质灾害危险性大区面积470km^2，占软土分布区面积的19.68%，占全市总面积的6.32%；软土地面沉降地质灾害危险性中等区面积462km^2，占软土分布区面积的19.35%，占全市总面积的6.21%；软土地面沉降地质灾害危险性小区面积1 456km^2，占软土分布区面积的60.97%，占全市总面积的19.6%（图1、表1）。

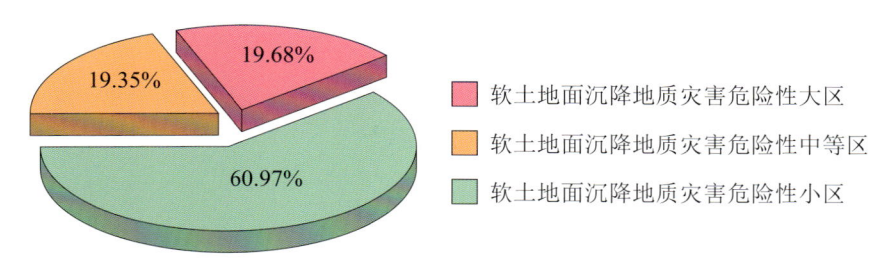

图1　软土分布区软土地面沉降危险性分区统计

表1　软土地面沉降危险性分区统计表

危险性分区	统计面积（km^2）	占软土分布区面积比例（%）	占全市总面积比例（%）
危险性大区	470	19.68	6.32
危险性中等区	462	19.35	6.21
危险性小区	1456	60.97	19.6

4.9.2.1 软土地面沉降地质灾害危险性大区

主要分布于南沙区东涌—鱼窝头—横沥—万顷沙一带，番禺区沙湾镇沙湾水道以北区域，黄埔区黄埔港区，白云区金沙洲沙凤村、金沙中学等地，天河区、海珠区、荔湾区等有零星分布。上述区域软土厚度较厚，多大于20m，大多有两层及两层以上软土分布，软土埋深浅，易、极易发生软土地基沉降地质灾害，易发软土地基沉降地质灾害多集中于这些区域，多年累计相对沉降量多在30cm以上，其中南沙最大达85cm。地质灾害潜在危害包括破坏各类建筑物、港口设施等，使其失去使用功能，对高速公路、市政道路、桥梁等造成较大破坏，影响其正常运营，破坏地下供电、供气、供排水管网等，影响市政基础设施正常使用，对农田、生态环境等造成破坏。

4.9.2.2 软土地面沉降地质灾害危险性中等区

主要分布于南沙区西北部，番禺区新造、南村、大石、钟村广州火车南站一带，黄埔区南部萝岗街至开发区一带，花都区炭步镇、赤坭镇局部，增城区新塘、荔城、石滩等地零星分布，软土厚度大多在10m以上，大多有1~2层软土分布，第一层软土较薄，有地面沉降灾害发生。地质灾害潜在危害对象包括各类建筑物、铁路、高速公路、市政道路、桥梁、地下供电、供气、供排水管网等市政基础设施等，影响正常使用或部分失去使用功能。

4.9.2.3 软土地面沉降地质灾害危险性小区

主要分布于番禺区中北部，中心城区大部，白云区石井、江高一钟落潭，花都区炭步镇、赤坭镇软土分布区，软土厚度小于10m，有1~2层软土分布，第一层软土薄，发生软土地基沉降轻微。危害对象包括建筑物、交通设施、公共设施等，对人民群众的日常生活造成影响。

4.9.3 建议

（1）对软土分布广、厚度较大、易发生软土地面沉降区，修建高层建筑建议采用深桩基础，桩直接作用于下伏基岩之上；若修建一般建筑物，可以选用排水固结、置换及拌入、碾压与夯实、垫土垫层、振密挤密等一种或几种工程处理措施改善地基，提高地基承载力。

（2）对软土厚度小、软土地基沉降轻微的区域，若修建高层建筑物，建议采用深桩基础，桩直接作用于下伏基岩之上；若修建一般建筑物，由于第一层软土较薄，可以先直接清除，再适当进行一种地基工程处理，提高地基承载力。

4.10 广州市矿山采空区分布图

4.10.1 资料来源

资料来源于广州市地质调查院2009年编制的《广州市白云区煤矿采空区调查与监测报告》及广东省有色地质勘查院2014年编制的《广东省广州市龙归矿区硝盐矿2014年度矿山储量年报》，图件由广东煤炭地质局编制。

4.10.2 图件说明

4.10.2.1 广州市矿山采空区概况

目前广州市存在的矿山采空区主要有白云区煤矿采空区和白云区龙归硝盐矿采空区。其他矿山如建筑用花岗岩、水泥用灰岩、矿泉水、地下热水等则均为露天开采。

4.10.2.2 煤矿、硝盐矿采空区空间分布特征

（1）煤矿采空区：白云区内分布有第一煤矿、第二煤矿、第三煤矿、第四煤矿、夏茅煤矿及大塱煤矿，均于20世纪90年代全部停产关闭。其中第一煤矿、夏茅煤矿和第四煤矿均开采嘉禾矿区夏茅井田的煤层，第一煤矿开采夏茅井田北翼−50～−150m水平的煤层，夏茅煤矿开采夏茅井田南翼−75～−150m水平的煤层，第四煤矿开采整个夏茅井田−150m水平以下煤层，由此把第一煤矿和夏茅煤矿的采空区合并入第四煤矿采空区中。因此白云区煤矿采空区分为第二煤矿采空区、第三煤矿采空区、第四煤矿采空区和大塱煤矿采空区4个采空区，各煤矿采空区空间分布特征见表1。

表1 煤矿采空区空间分布特征一览表

采空区名称	地理位置	平面分布面积 (km²)	埋深 (m)	标高 (m)
第二煤矿采空区	白云区江厦村至望岗村一带	1.52	10～280	−270～0
第三煤矿采空区	白云区新市至马务一带	0.47	20～330	−320～10
第四煤矿采空区	白云区马务至夏茅一带	0.73	10～320	−310～0
大塱煤矿采空区	白云区潭村—石井—大塱一带		10～50	−40～0

（2）硝盐矿采空区：龙归硝盐矿位于广州市白云区太和镇永泰庄、高桥庄一带，广州市北二环高速公路经矿区中部通过。矿山经过20多年开采，已形成面积1.066km²采空区。深度多为500～600m，标高在−575～−470m之间。

（3）煤矿老窿空间分布特征：白云区煤矿区内分布有41个老窿，其中第二煤矿矿区分布有20个，第三煤矿矿区分布有7个，大塱煤矿矿区分布有14个，老窿的竖向空间分布特征：埋藏深度一般在11.40～47.96m之间，标高一般在−35～0m之间。

4.10.2.3 采空区对建筑物、构筑物的影响

白云区煤矿采空区和硝盐矿采空区位于广州市郊人口稠密区，地表建筑物密集程度较高，由于采空区的存在，容易引起地面塌陷和地裂缝等地质灾害，对地面和地下建筑物、构筑物造成破坏。如龙归硝盐矿区，经过多年开采，采空区中部地面沉降明显，影响穿过矿区中部的北二环高速公路的正常运营。

4.10.3 建议

广州市中心城区正快速延伸发展中，采空区所在区域已成为广州市区城市建设土地资源的重要组成部分。为合理地利用这些土地资源，预防和避免采空区对建筑物或构筑物造成危害。建立采空区地表移动观测网，加强监测，开展研究。在采空区范围内新建建筑物要进行建筑适宜性评价；在采空区进行建筑物建设前应进行岩土工程详细勘察，摸清拟建场地是否存在老窿、煤矿开采井巷等情况，降低采空区对广州市城市建设发展的影响。

1